炭阳极的裂纹性能

Cracking Behaviour of Anodes

R&D Carbon Ltd.

Markus W.Meier

李庆义 贾鲁宁 刘改云 译

王平甫 宫 振 谭芝运 审校

北 京

冶金工业出版社

2009

北京市版权局著作权合同登记号图字:01-2009-0292 号

Cracking Behaviour of Anodes
1 st Edition 1996
R&D Carbon Ltd., P. O. Box 157
CH-3960 Sierre, Switzerland

图书在版编目(CIP)数据

炭阳极的裂纹性能/[瑞士]R&D 炭素有限公司编;李庆义,贾鲁宁,刘改云译. —北京:冶金工业出版社,2009. 1
书名原文:Cracking Behaviour of Anodes
ISBN 978-7-5024-4763-2

Ⅰ. 炭…　Ⅱ. ①瑞…　②李…　③贾…　④刘…　Ⅲ. 阳极—炭素材料—裂纹—性能—研究　Ⅳ. TF044

中国版本图书馆 CIP 数据核字(2008)第 204652 号

出 版 人　曹胜利
地　　址　北京北河沿大街嵩祝院北巷 39 号,邮编 100009
电　　话　(010)64027926　电子信箱　postmaster@ cnmip. com. cn
责任编辑　章秀珍　王　楠　美术编辑　李　心　版式设计　张　青
责任校对　王贺兰　责任印制　牛晓波
ISBN 978-7-5024-4763-2
北京兴华印刷厂印刷;冶金工业出版社发行;各地新华书店经销
2009 年 1 月第 1 版,2009 年 1 月第 1 次印刷
787mm × 1092mm　1/16;11. 75 印张;275 千字;168 页;1 - 3000 册
38. 00 元
冶金工业出版社发行部　电话:(010)64044283　传真:(010)64027893
冶金书店　地址:北京东四西大街 46 号(100711)　电话:(010)65289081
(本书如有印装质量问题,本社发行部负责退换)

序　言

我国铝工业的持续快速发展，促进了铝用炭素工业的技术进步和产业升级。近些年来，铝用炭素产量迅速增长，产品质量显著提高，出口量大幅增加，受到了国外厂商的充分肯定。山东济宁炭素工业总公司非常重视科技创新和人才培养，多年来，与瑞士 R&D 炭素有限公司一直保持了友好合作的关系。

瑞士 R&D 炭素有限公司（R&D Carbon Ltd.）在国际铝用炭素界久负盛名。该公司与我国铝业界交往已有20多年历史。我国中铝郑州轻金属研究院、山东济宁炭素工业总公司、中铝河南分公司等是他们的亲密合作伙伴。该公司先进的检测仪器和控制技术，被包括我国在内的世界上许多国家铝厂采用。

2000年以来，瑞士 R&D 炭素有限公司赠给其在中国的合作伙伴——山东济宁炭素工业总公司编印的《炭阳极的裂纹性能》。该书收录了当代国际先进水平的 R&D 炭素有限公司的技术资料、国际铝用炭素技术和在 R&D 炭素有限公司从事专题研究的博士论文中的研究成果等。为及时消化吸收国外先进技术，在征得 R&D 炭素有限公司同意后，济宁炭素工业总公司的宫振、王平甫、李庆义、贾鲁宁先生从2002年开始，组织对此书的翻译并就技术问题进行研讨。

在 R&D 炭素有限公司的支持下，本书由冶金工业出版社出版。对宫振、王平甫、李庆义、贾鲁宁等先生和济宁炭素工业总公司为翻译出版本书所做的工作表示感谢。相信此书的出版，能为中国铝用炭素工业技术进步与技术交流做出贡献。希望此书能为我国铝工业和铝用炭素工业在培养高素质科技队伍中发挥出积极作用。祝中国铝工业和铝用炭素工业做大做强，健康发展。

中国有色金属工业协会会长　康義

2008年9月

序　言

《炭阳极的裂纹性能》一书，包含 Markus 博士在瑞士苏黎世联邦技术学院（ETH）攻读博士学位时，他的博士论文中的研究成果。论文的研究得到了 R&D 炭素有限责任公司非金属材料部主任 L. J. Gauckler 教授的指导。

炭阳极的质量对铝生产有重要的影响。电解过程中炭的消耗量受阳极反应及其裂纹性能的影响。在很多出版物中，对空气和二氧化碳反应性现象都已经作过大量的报道。我们已在去年出版的《铝用炭阳极技术》一书中对其中大部分内容进行了总结，这本书在工业范围内发现了大家普遍感兴趣的问题，但是对炭阳极断裂机理的理解强调得还不够。由于大家对这一特殊领域缺乏理解，因此对阳极裂纹这一普遍存在的问题作进一步的讨论，是本书的出发点。

在 Meier's 博士的研究基础上，现在我们对阳极不同的裂纹机理进行区分已成为可能。同时他也论证了影响阳极裂纹的因素，也就是原料的质量、炭阳极制造过程以及电解槽的条件等。随着人们对阳极抗热冲击指标（TSR）的研究，以及在陶瓷工业中应用的静态弹性模量（韦伯模量），从而使我们现在了解材料遭到破坏的风险性是可能的。

本书总结的一些研究成果在科学上和实践中具有较高的价值。在科学研究和工业应用中如何能以最好的方式解决，对于炼铝业来说是非常重要的一个课题，塑造了一个很好的榜样。

Werner K. Fischer

R&D 炭素有限公司总裁

1996. 1. 3

阳极在电解槽内由于受到热冲击造成裂纹

前　言

铝作为一种应用范围非常广泛，可循环利用的轻金属，其重要性正在不断提高，在地壳中铝的含量居第三位，人们仅发现它的氧化物即以 Al_2O_3 的形式存在于矾土中。通过拜耳法，将氧化铝从矾土中萃取出来，然后用霍尔－埃鲁特法电解出铝，预焙炭块作为阳极用于这种电解工艺将铝从它的氧化物中提取出来。

炭阳极的质量对电解铝的生产影响非常显著。在电解过程中，炭阳极的消耗还受到阳极反应性及其裂纹行为的影响。由于将炭阳极放入电解槽中使用时，阳极要承受严重的热冲击，因此阳极的抗裂纹性能非常重要。并且阳极在电解槽使用时会由于裂纹而导致各种不希望出现的负面影响，带来经济上的严重损失。

1994 年全球预焙阳极需求量已超过 800 万 t。尽管需求如此巨大，但是人们对阳极断裂机理的认识却非常浅显。当工厂内出现阳极裂纹问题时，他们常常花费大量的时间和金钱进行试验以及提出各种错误的方案进行解决。所以基于人们对这一特殊领域缺乏理解以及对阳极裂纹这一普遍存在的问题作进一步的了解，成为本书的出发点。本书的主要目的包括两方面：

（1）对不同的阳极裂纹机理进行区分以及探讨它们产生的根源；

（2）发展描述阳极裂纹行为特征的测量方法，并最终避免阳极在电解槽内使用前出现任何力学上的破坏。

本书里的研究成果都是在 R&D（也称为 RDC 公司）炭素公司的实验室里并与瑞士苏黎世联邦技术研究所合作完成的。R&D 公司在国际上有很好的声誉。它是一家独立的公司，不附属于任何铝厂、石油焦或沥青生产厂家，这使得它有可能从很多公司获得大量样品，否则这些公司不会心甘情愿提供样品。这种合作是在保证不公布样品提供者的情况下进行的，而只是提供样品的性能。

RDC 公司也非常友好，允许把一些机密的报告提供给客户。至于本书参考的某些报告，其观点的正确性读者可以毋庸置疑地去接受。

本书第 1 章描述了霍尔－埃鲁特电解法生产铝的过程。从生产使用的原料开始，详细讨论了阳极的生产过程。接着对炭消耗数据进行分析，揭示了它对电解铝生产成本的影响以及生产高质量阳极的重要性。

第2章把重点放在阳极理化性能指标的测定方面，包括对所有检测方法进行说明，从而说明了阳极性能是如何受原料质量以及阳极制造过程影响的。

第3章对炭阳极的断裂力学问题进行了处理，同时说明了如何应用陶瓷业中研究发展而来的不同方法进行分析。本章着重对断裂试验数据进行统计处理以及解释。

第4章涉及阳极在电解槽中使用时的抗热冲击性问题。为了定量分析在电解槽内放入阳极时完好阳极的概率，本章从资金方面和阳极对环境污染方面考虑，推导出一个半经验公式。

第5章对前几章的研究发现进行了总结，并且为了对这些理论逐一地加以验证，并在本章将它们应用于实际工厂内，讨论实践中的阳极开裂问题。

第6章对未来铝用预焙阳极相关的问题进行了探讨。

本书的主要目的是为了提出一些工业中切实可行的方法来解决即将出现的或已经出现的阳极裂纹问题，因此在优化与阳极裂纹有关的性能时，也考虑了其潜在的负面影响。

阳极在电解槽中的变化

致　谢：

本书介绍的一些调查研究成果是R&D炭素有限公司与瑞士苏黎世联邦技术研究院非金属材料研究院合作取得的成果，同时本书的完成也得到了很多人的帮助。我衷心感谢以下帮助过我的人们：

Gauckler教授：作为我的课题导师，他首先提出并支持了这项研究工作。非常感谢Gauckler教授对我充满信心，给了我在工作中完成论文的机会，并且在研究过程中给予我充分的主动权。

W. Fischer，瑞士R&D炭素有限公司的总裁。他同Gauckler教授一样对我很信任，并接纳我为公司的“新的一员”，而且在整个调研过程中甘愿积极主动配合。他的轻而易举解决问题的能力，以及他所表现出的耐心都给了我很大的动力。

R. Perruchoud，R&D公司研究所副所长，作为我的良师益友，引导我的研究工作沿着在工业实践需要的方向前进。能和Raymond一起工作，我感到非常幸运。在炭素研究这一广博的领域，他是一位真正的专家。

Wege博士，在炭素工艺方面有丰富的经验，他很乐意别人分享他的知识，所有这些使得他成为最合意的导师。感谢他们卓有成效的讨论以及对我发表刊物的评论。

R. Pawlek，瑞士TS+C总裁，通过给我提供关于这一课题最新出版刊物，他怀着极大的兴趣关注着我的研究，对此我非常感谢。

我还要感谢W. Schmidt-Hatting. F. Keller博士，U. Mannweiler博士以及U. Bühler博士、St. Oderbolz博士等人对特定课题的有价值的讨论。此外，非常感谢B. Zuber（微孔分析）、P. Eichenberger（样品准备）和P. Kocher（样品在ETH中的测定检测）在技术上给予我的帮助，同时也感谢H. Friedli为我提供了大量的照片，最后还要感谢R&D炭素公司所有的同事。感谢他们的支持与厚爱使本书得以出版。

作　者

译者说明

济宁炭素工业总公司和瑞士 R&D 炭素有限公司（R&D Carbon Ltd.）有着亲密的合作关系。2002 年，李庆义、贾鲁宁和王平甫等同志到瑞士 R&D 炭素有限公司学习考察。2005 年宫振、王平甫、于易如等同志到瑞士 R&D 炭素有限公司考察。近年来，每年都有多位 R&D 炭素有限公司专家到济宁炭素工业总公司访问和工作，双方技术合作紧密，交流不断。在交流过程中，R&D 炭素有限公司赠送给济宁炭素工业总公司的技术文献资料和研究成果，济宁炭素工业总公司也回赠了济宁炭素研究所的研究报告等。为及时消化吸收国外先进的炭阳极技术，自 2002 年以来，宫振、王平甫、李庆义、贾鲁宁组织并参加了对此书的翻译、讨论和消化吸收。从粗译到精译，从技术讨论到图表完善，除以上四位同志之外，前后参加此项工作的还有刘改云、于易如、杜桂玲、罗英涛、李兆阳等同志，刘改云同志完成了绝大部分精译任务，杜桂玲同志完成了图表修改工作。王平甫、贾鲁宁、于易如同志对全书进行文字和技术审改，在此特作说明并表示感谢。消化吸收并采用国内外先进技术，加上科学的企业理念和严格的管理，20 年来济宁炭素工业总公司由小到大逐步做强，成为中国铝用炭阳极主要出口厂之一，炭阳极产品享誉欧美。

相信此书的出版，能有利于中国铝用炭阳极工业科技进步和技术交流。

由于时间短促，加之译者水平所限，书中不足之处，希望读者予以批评指正。

济宁炭素工业总公司　宫　振　王平甫

2008 年 9 月

目　录

1 铝用炭阳极生产

1.1 电解铝生产

1.1.1 简介

铝是地壳中含量最丰富的元素之一，占 8%，位于氧 47%，硅 26% 之后，处于第三位。然而由于铝的化学性质活泼，人们在自然界中从未发现过铝的纯净物，而是以 Al_2O_3 这种氧化物存在于铝土矿或硅酸盐中（比如黏土、高岭土）化合物中。

铝土矿被开采出来以后，还要通过下面两个过程才能生产出工业用铝：

（1）使用拜耳法从铝土矿中萃取氧化铝。

（2）将氧化铝加入电解槽内，通过霍尔 - 埃鲁特法从氧化铝中电离出铝。

1991 年，全球铝年产量达到 2000 万 t（凯勒、佛切 1992），与 20 世纪初铝年产量 6000t 相比，说明铝产量和需求量都有了很大的提高。由于铝质量轻并且还有其他特征，因此铝的应用越来越广泛。铝的密度是 $2.7g/cm^3$，大约是铁密度的 1/3。尽管铝的密度小，但铝与其他金属材料相比，强度非常高。由于铝和氧发生化学反应时在铝的表面形成一层氧化物薄膜，因而具有很高的抗氧化性。另外，铝容易加工，熔点低只有 660℃（钢的熔点大约为 1500℃）。因此铝同其他金属相比，无论在加工、应用和回收利用方面都能节约大量的能源，优势显著。从而使得铝在建筑业、交通运输业、工具制造业、集装箱制造业和包装业生产中被广泛应用。

铝的另一个具有吸引力的性能是它具有良好的导电性，而且它密度小，仅此一点就已优越于其他金属。由于铝不能被磁化，因此被广泛应用于电解和电子工业中。另外，铝还具有良好的导热性，因此成为制造发动机和热交换器的理想材料。

1.1.2 拜耳法生产氧化铝

铝工业最初的原料铝土矿是以法国南郊“莱斯 · 坝克斯”村庄命名的。1822 年，法国人伯赛尔发现了一种红色的矿物质，它大约包含 50% 铝的氧化物（氧化铝），而且在每个大洲都能发现这种矿物质，但绝大部分分布在热带地区，靠近地层的表面。而储量最丰富、经济价值最好的铝土矿分布在刚果和澳大利亚。如果每年铝土矿的开采量保持 8000 万到 1 亿 t，那么就目前所知的储藏量大约可以维持铝用工业 400 年。

铝土矿中含有 30% ~65% 的氧化铝，此外还含有少量的氧化铁、氧化硅和氧化钛，同时还有其他的杂质。如果铝土矿中氧化铝的含量超过 30%（适当的加工工艺）或 50%（加工前需要长途运输），从铝土矿中提炼铝才能获得收益（Weber，1990）。

1888 年，意大利化学家杰斯芬·拜耳找到了一种从铝土矿中提取氧化铝的方法（图 1-1），但是直到 1904 年拜耳去世时，他的发明才在工业中得到认可。

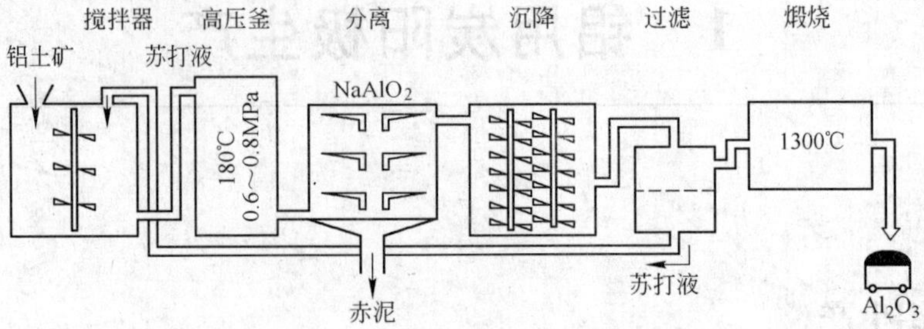

图 1-1　拜耳法生产氧化铝工艺流程图

（1bar = 10^5Pa）

今天，拜耳法是氧化铝生产采用最广泛、最重要的一种方法。拜耳法主要包括 4 个阶段：

（1）萃取。首先将铝土矿研磨成细粉，然后在压力为 0.6 ~ 0.8MPa，温度大约 180℃下与氢氧化钠混合反应数小时，这样苏打碱液从铝土矿中将氧化铝萃取出来。下面是生产铝酸钠的过程：

$$Al_2O_3 + 2NaOH \longrightarrow NaAlO_2 + H_2O \qquad (1-1)$$

铝土矿中的其他成分不溶解，因此沉淀在容器底部即赤泥。

（2）分离赤泥。赤泥上面的碱液经过滤后用泵打入分解器中。

（3）分解。将碱液冷却到大约 60℃，并且不停地搅拌，从而氧化铝晶体就沉淀出来：

$$2NaAlO_2 + 4H_2O \longrightarrow 2NaOH + Al_2O_3 \cdot 3H_2O \qquad (1-2)$$

（4）煅烧。在流态化煅烧炉内，氧化铝晶体悬浮在压缩空气中。为了提炼适用于铝工业，杂质少于 0.1% 的氧化铝，在 1300℃时煅烧除去氧化铝晶体水溶液。

煅烧过程能耗高，每生产 1t 氧化铝需要 15 ~ 25GJ 的能量，这意味着产生热能而燃烧的油燃料成本约等于生产成本的一半。而且能量效率还受到氧化铝厂规模增大的影响。

1.1.3　霍尔-埃鲁特法电解铝

1859 年，法国化学家戴维尔发表了《Del'aluminium》一书，在这本书中他提出了一种从氧化铝中提取铝的电解方法。美国化学家霍尔和法国工程师埃鲁特（1863 ~ 1914 年，他和霍尔同年出生并且同年去世）各自单独继续发展了这种方法，而且两人互不相识。1886 年，他们同时申请了专利：在 975℃的高温下，将氧化铝溶解在熔融电解质进行电解铝的方法。

霍尔最终在美国获得了专利权，并于 1888 年在美国建立了“Pittsburgh Reduction 公司”，1907 年公司更名为美铝公司。二战前美铝公司是美国唯一的一家铝业公司。而埃鲁特除美国之外，在其他各国都获得了专利。1887 年瑞士政府发布第一号令，以埃鲁特为首在 Neuhausen（地名）创办铝厂，开始称为“AG 铝厂”，后来更名为“Alusuisse”。

霍尔和埃鲁特的专利同贝尔与当时使这项技术在商业上的生产得以实现的电能的产生和发展完全是一种巧合。在过去的 90 年里，为了提高生产率和能源利用效率，电解槽的电流强度从开始的 600A 增加到超过 300kA，同时电解槽的设计也不断得到成功改进。但是电解铝生产的基本原理没有发生变化。

图 1-2 说明了氧化铝和电解铝生产的整个生产工艺过程。工厂应建在靠近原材料供应地和/或靠河或临海的地方，这样做有可能降低原料运输费用，另外电能充足供应也很重要，而水力发电最具有经济利用价值。年产 10 万 t 的铝厂每年的耗电量是 175MW，相当于一个中等城镇一年的用电量。

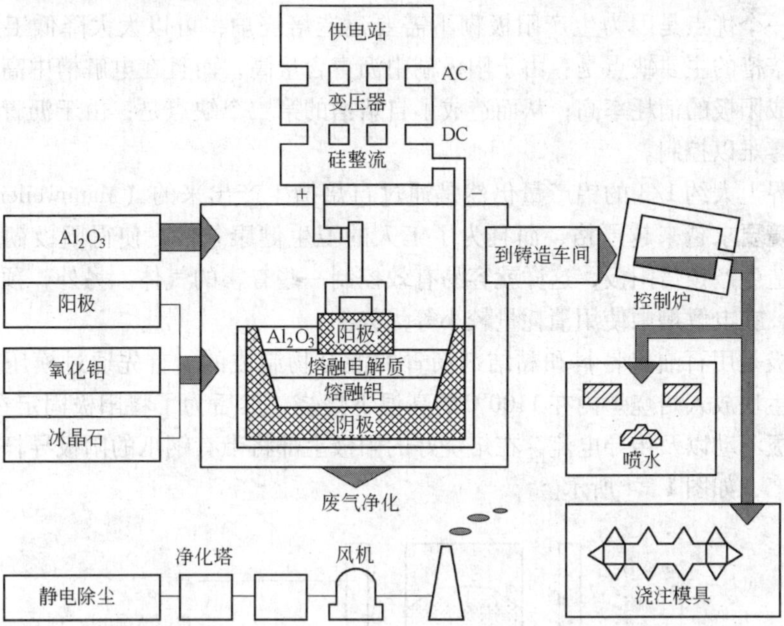

图 1-2 铝生产工艺流程示意图

电解槽是电解铝生产工艺的神经中枢部分。原则上根据阳极消耗不同设计，电解槽主要存在两种类型：自焙槽和预焙槽，它们各自使用的阳极称为自焙阳极和预焙阳极。自焙阳极是一种连续自焙烧的阳极：将大块的阳极糊放入电解槽上部一个钢槽内，如图 1-3

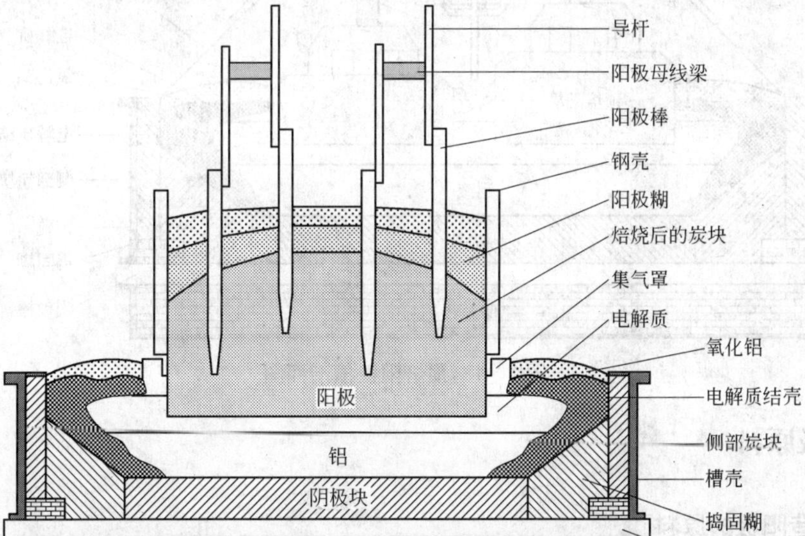

图 1-3 自焙槽剖面图

所示，利用电解槽自身的热量，通过沥青的热解作用，将炭素材料黏结成固体，大约一个月，阳极糊经过 450 ~ 550℃ 焦化温度，就变成了电导体，再运行两个月后温度达到 960℃，焙烧过的阳极糊就到达阳极表面。

自焙槽的独特优点是可以源源不断地供应阳极，所以更换阳极糊不会干扰电解槽的操作条件；另一个优点是因为生产阳极糊不需要建造焙烧炉，可以大大降低工厂的生产成本。但是自焙槽的主要缺点是：由于阳极糊中沥青含量高，而且在电解槽中高温分解出其他物质，造成阳极的消耗率高；从而造成了自焙槽的第二个缺点是：由于沥青热解作用产生的大量烟雾难以控制。

今天世界上大约 1/3 的铝产量仍然是通过自焙槽生产出来的（Mannweiler 1992）。由于当今对环境要求越来越严格，而且为了工人的卫生健康条件，使得阳极糊厂要么被关闭，要么改造生产预焙阳极，这样就容易有效控制一些有害的气体。另外，预焙阳极还具有质量较高，在电解槽中使用消耗量较小等优势。

预焙阳极是用石油焦骨料和黏结剂沥青的混合物制成的。首先通过模压成型制造生块，接着将生块放入焙烧炉内在 1100℃ 的高温下焙烧，然后为了将阳极固定在电解槽上，能够保持阳极不动以及传导电流，在焙烧好的阳极上部将带有钢爪的阳极导杆用磷生铁浇注好用于生产，如图 1－4 所示。

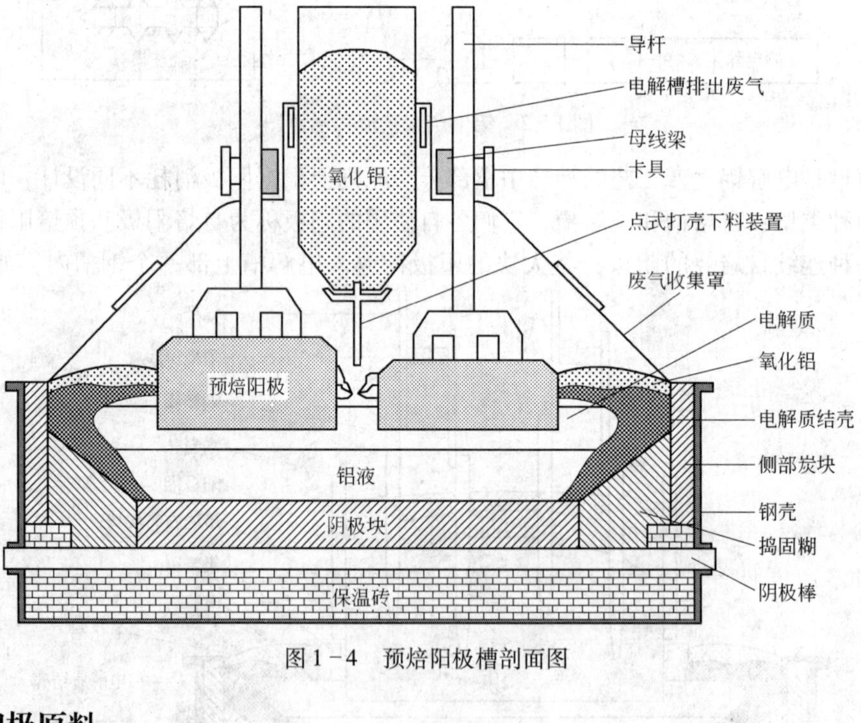

图 1－4　预焙阳极槽剖面图

1.2　阳极原料

1.2.1　制造阳极的原料

在典型情况下铝用预焙阳极由大约 65% 的石油焦，20% 回收的残极及 15% 煤焦油沥青组成。人们也曾经用其他原料或者有的原料还在试用制造阳极，如流态化焦、沥青焦和石油沥青。考虑到它们的产量较小，可获得的数量较少，因此它们中任何一种在世界范围内用于生产阳极都起不到主导作用。所以在本调查研究中对制造阳极原料的讨论分析主要限于石油焦和沥青。

炭阳极在电解时主要起两个作用：充当传导电流的媒介以及在电化学过程中充当还原剂，即将氧化铝还原成铝。因此电解生产对阳极产品的主要要求为：

（1）化学纯度高；

（2）良好的导电性；

（3）抗热冲击性强；

（4）均一性好；

（5）CO_2 反应性和空气反应性低。

以上这些因素都受到原料质量的较大影响。根据石油焦的生成过程，石油焦是一种非均质的结构。绝大部分石油焦是石油冶炼工艺中的一种副产品。由于石化工业优化炼油工艺条件是为石油冶炼产品需要服务，而不是为了得到具有理想性能结构的石油焦服务的。

1.2.2 石油焦

石油焦是通过延迟焦化生产工艺过程从原油的重质组分中生产出来的。重质组分——黏稠的碳氢化合物液体经过裂解、脱氢、聚合作用，从液态变成固体这样一种焦化过程生产出石油焦。

图 1-5 所示具有回转窑或回转炉的延迟石油焦的生产工艺过程（Adams，1990；Onder and Bagdoyan，1993）。把石油重质组分加热到500℃，然后泵入两个分隔开的、塔内压力为0.4MPa（4bar）的焦化塔中的其中之一。通过热解作用将原料分解成轻油、石脑油、汽油和生焦。生焦在焦化塔中停留24h，而较轻组分返回到分馏塔。接着用高压水击碎石油焦，再将它从焦塔内排出（脱焦过程）进入脱水系统，随后运到料场储存。

原料焦或“生焦”不适合作为骨料生产电极，因为生焦不定形，结构很差，并且含有8%～15%的碳氢化合物挥发分，在随后对生焦进行热处理时会导致生焦收缩极大而产生裂纹。同时石油焦的反应性高，导电性也差。

一般情况下生焦作为骨料使用前，常常在煅烧炉内已经进行热处理了。在煅烧温度达到1350℃的过程中，石油焦要收缩大约10%～14%，其挥发分含量减少到小于0.5%。石油焦煅烧会释放出 CH_4，C_2H_6，H_2，H_2S 以及 CH_3SH 等挥发物，这些挥发分在煅烧过程中直接燃烧掉了并给煅烧过程提供更多的热量。

目前石油焦煅烧装置主要有两种，即回转窑和回转炉。由于回转窑设计、制造简单，而且产能高，所以回转窑应用最广泛。它和石灰石煅烧装置很相似，因此有现成的装置可以参考。

在回转窑中，石油焦在旋转的、稍微倾斜的、难熔直钢筒内运动（回转窑长90m，直径4.5m，产量30万t）。在回转窑入口处用燃油或燃气加热石油焦，而且将空气通入回转窑，因此煅烧需要的另外部分热量可以由挥发分和石油焦燃烧放出的热量提供。

用回转炉煅烧石油焦时，通过旋转的刮板朝回转窑的中心将石油焦移动进入垂直固定的圆柱形反应器。从反应器的上部提供燃油和空气。在煅烧正常操作期间，石油焦在回转炉中停留大约1h。

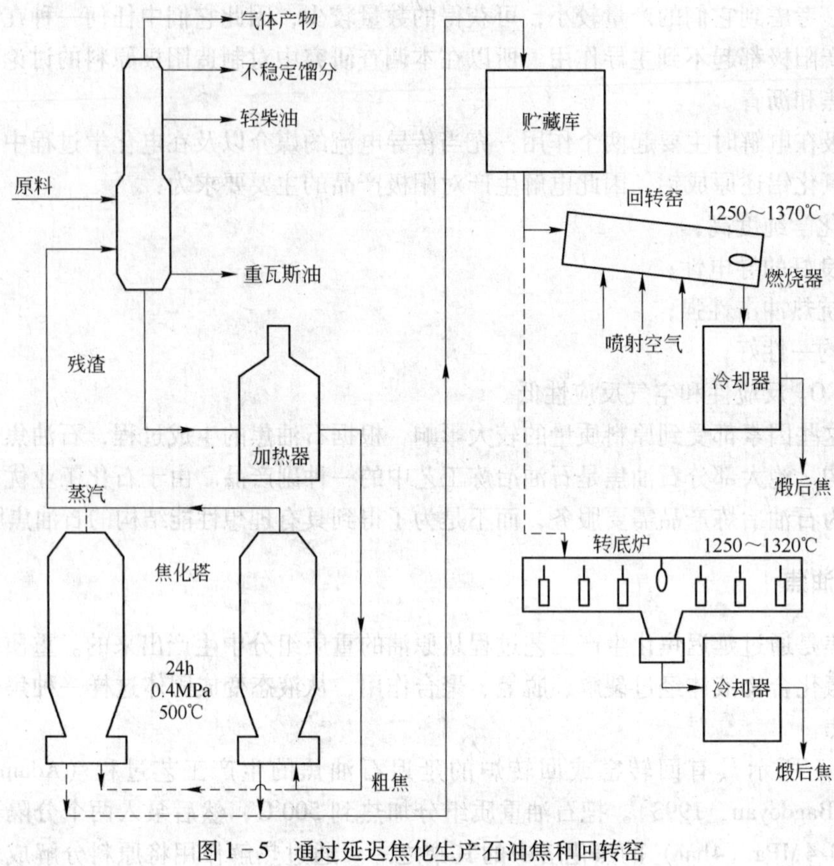

图 1－5　通过延迟焦化生产石油焦和回转窑或回转炉煅烧生产煅后焦

在焦化和石油焦煅烧期间，最终煅后焦的质量既受原料的化学组成的影响也受生产工艺操作参数控制的影响（Fischer 和 Perruchoud，1985）。

原料中沥青质和树脂浓度高，通过焦化生产出的石油焦杂质较多，比如硫、钒等杂质，而且交叉连接强度小，因此不宜作为生产阳极的原料（Hume，1993；Mannweiler *et al.*，1989）。而含有大量芳（香）烃物质的原料，即含有大约 50%（质量分数）的芳（香）烃真空渣油，通过焦化生产出的石油焦适合用于生产铝用炭阳极（Ragan 和 Marsh，1983）。如果原料芳烃含量高通过焦化（即含量大于 70%，如澄清油或倾析油中芳烃的含量）后就能生产出高质量的生焦，称为针状焦。

一般情况下，延迟石油焦中碳氢化合物的含量从焦化塔的底部到顶部平均为 8% ~ 14%（质量分数）。原料焦化时间过长可生产出硬度大的石油焦，这样在焦塔的出口处难以切割。焦化温度过低时，会生产出挥发分较高的生焦，称为软焦。同时焦塔脱焦过程也非常重要，如果生产操作不当会产生大量的粉焦，在煅烧炉中难以进行煅烧。

表 1－1 总结了用于制造电极的煅后焦的一些典型性能指标。经过多年的分析跟踪结果表明：石油焦中硫和钒的含量明显增加了，造成这种情况的原因是炼油厂使用了硫含量越来越高的原油进行生产（Keller 和 Fischer，1992）。由于钒在阳极空气燃烧过程中起到强催化剂的作用（Schmidt-Hatting *et al.*，1986），因此阳极的平均质量下降是在我们意料之中的，同时硫含量的增加对电解槽生产也会带来一些难题，尤其是环境污染问题。

表1-1 铝用炭阳极用煅后焦的典型性能指标

(Onder 和 Bagdoyan, 1993)

性 能	典型值	性 能	典型值
水分的质量分数/%	0.0~0.2	CO_2 反应损失(1000℃)/%	3~15
油分的质量分数/%	0.10~0.30	在525℃时空气反应性/%·min^{-1}	0.05~0.3
颗粒大小(质量分数)/%		晶体尺寸 L_c/nm	2.5~3.2
>8mm	10~20	灰分质量分数/%	0.10~0.20
8~4mm	15~25	微量元素质量分数/%	
4~2mm	15~25	S	0.5~3.5
2~1mm	10~20	V	(30~350)×10^{-4}
1~0.5mm	5~15	Ni	(50~220)×10^{-4}
0.5~0.25mm	5~15	Si	(50~250)×10^{-4}
<0.25mm	2~8	Fe	(50~400)×10^{-4}
振实容重2~1mm/kg·dm^{-3}	0.80~0.86	Al	(50~250)×10^{-4}
颗粒稳定性8~4mm/%	75~90	Na	(30~120)×10^{-4}
二甲苯密度/kg·dm^{-3}	2.05~2.10	Ca	(20~100)×10^{-4}
比电阻/μΩ·m	460~540	Mg	(10~30)×10^{-4}

用作阳极骨料的石油焦最重要性能为:

(1) 纯度高;

(2) 真密度大;

(3) 抗氧化性强;

(4) 比电阻低。

1.2.3 煤沥青黏结剂

炭阳极是使用不同粒度煅后焦与黏结剂混合生产出来的。在典型情况下使用沥青作为黏结剂。黏结剂沥青起到的作用有几个方面。在混捏过程中沥青覆盖在填充焦上，使得干骨料具有可塑性，这样就可以按照生产要求的形状将糊料进行成型。接着在随后的焙烧过程中，沥青受热炭化生成沥青焦，与煅后骨料紧密连接在一起。因此为了向电解槽提供适合炼铝用的导电、导热、密度高、强度大的阳极，所以焙烧过程非常重要。

黏结剂煤沥青主要是煤焦油和渣油高温蒸馏生产出来的，它是一种含芳香烃高的碳氢化合物的复杂混合物。

煤焦油是烟煤高温焦化生产冶金焦时的副产品。煤沥青是焦油真空蒸馏除去煤焦油中含量50%还要多的挥发分后的残余物质，由于煤沥青的黏结质量较好，因而通常被用作生产阳极的黏结剂。

由于煤沥青是由上千种不同碳氢化合物组成的混合物，因此描述它的化学组成来确定其性能是不可能的，而采用软化温度、结焦值、真密度、喹啉不溶物以及其他指标来说明沥青的性能(表1-2)。

表1-2 用于阳极生产的煤沥青典型性能指标范围（Hume，1993）

性能 质量分数/%	典型值范围	性能 质量分数/%		典型值范围
碳	>93	碳氢比率		1.6~1.8
氢	4.3~4.5	软化温度/℃		100~115
氧	1.3~2.5	黏度/mPa·s	140℃	3000~12000
硫	0.1~0.7		160℃	600~2000
灰分	0.1~0.5		180℃	200~500
钙	(50~150)×10^{-4}	蒸馏量（质量分数）/%	0~270℃	0.1~0.6
铁	(100~500)×10^{-4}		0~360℃	4~8
镁	(1~50)×10^{-4}	密度（水）/kg·dm^{-3}		1.30~1.33
硅	(100~400)×10^{-4}	结焦值（质量分数）/%		54~60
钠	(100~700)×10^{-4}	喹啉不溶物质量分数/%（α-树脂）		7~14
钾	(10~100)×10^{-4}			
锌	(10~400)×10^{-4}	甲苯不溶物质量分数/%（γ-树脂）		26~34
钛	<30×10^{-4}			
钒	<10×10^{-4}	水分（质量分数）/%		0.0~0.2

炭氢比率是煤沥青中芳香烃含量多少的标志，黏结剂中芳烃含量可以减少糊料的伸缩特性（Nair，1978）。预焙阳极中可以含有的挥发分较少以及更多的黏结炭。结焦值是沥青成焦性能的一种标志。它表示沥青在指定条件下蒸发、热解后，残留焦的数量（King，1978）。结焦值高的沥青会改善阳极的性能（Nair，1978）。

一种广泛使用确定黏结剂性能的特性记述方法是：沥青在选择好的溶剂内的溶解性，例如苯、甲苯和喹啉（为了增加黏性）。沥青苯取物表明了沥青在电极中的性能和特性。喹啉溶解物（大约占70%）被称为油分，充当增塑剂或软化剂的作用，并且影响黏结剂的软化温度（Jones，1986）。甲苯不溶物也就是指γ树脂（组分），对黏结剂的润湿性和黏性起显著的影响，对黏结剂的黏度和结焦性能作用稍微小些（King，1978）。γ树脂是喹啉溶解物也就是指的β树脂（组分）对黏结剂的黏结性能影响最大。其余的组分在甲苯和喹啉中都不溶解的物质指的是α树脂，这部分组分不熔化，像填充料一样，炭氢比和真密度高。

1.3 阳极的生产工艺过程

1.3.1 简介

图1-6给出了一种基本的阳极生产加工过程简图：

（1）糊料生产：

1）通过对残极和石油焦粉碎、球磨、筛分制备干骨料；

2）预热干骨料并与沥青混捏。

（2）成型：通过振动成型或挤压成型生产生阳极。

（3）焙烧：在密封式或敞开式焙烧炉内焙烧。

（4）浇注：使用磷生铁把钢爪与阳极结合在一起。

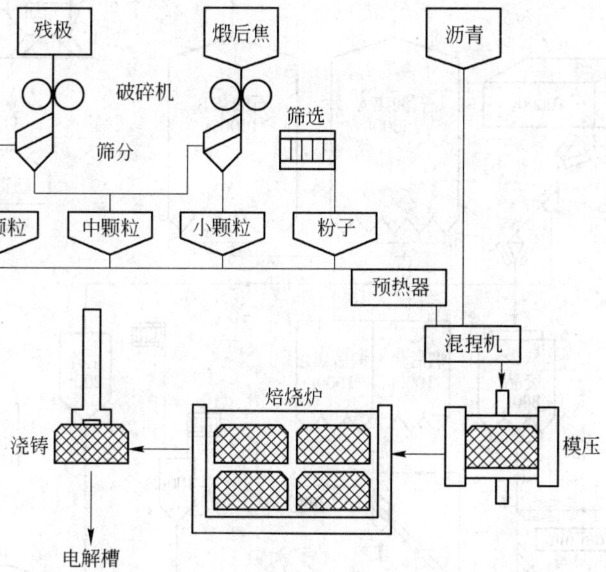

图1－6　预焙阳极制造过程简化流程图

炭素整个生产过程的主要目的就是要最终生产出性能均一阳极，满足电解槽的需要各项性能。我们在前面已粗略地介绍了电解槽对阳极的指标要求，这些要求是最普遍的而且大部分彼此独立，对此总结如下：

（1）阳极、阳极导杆和阳极－导杆连接的导电性好。

（2）阳极的物理强度高，首先是为了承受热冲击产生的应力，然后是承受焙烧、浇铸带来的应力以及最后当阳极放入电解槽中时承受的热冲击。

（3）炭消耗量要小，也就是 CO_2 和空气反应性低。

1.3.2　生产阳极糊料

下面将描述阳极厂生产阳极的过程，图1－7所示每小时生产36t阳极厂的典型生产工艺流程图。

糊料生产的第一步包括对原料进行破碎和筛分。

为了除去残极表面凝结的电解质外壳，要将回收的残极完全清理干净。生产实践已经证明使用硬度高、清理干净的残极作为大颗粒添加到阳极配料中，能生产出质量较高的阳极，而软和脏的残极对阳极燃烧特性具有不利影响，并且在电解槽中使用时会引起严重的质量问题（Fischer 和 Perruchoud，1991）。随着阳极在电解槽中使用的周期延长残极的软度会增加。由于残极块大小不一，为了使残极破碎满足生产需要的粒度，首先要通过颚式破碎机和圆锥破碎机破碎残极，然后将残极筛分成不同粒级，把不能通过第一级筛网的部分残极（大于16mm），再用对辊重新破碎后筛分。5～16mm 的残极颗粒，作为粗料放入容量为20t的料仓，准备用于配料，小于5mm 的料（即通过第二级筛分的部分）通过锤式粉碎机粉碎运到煅后焦生产线。

最初小颗粒的煅后焦可以直接过筛，只有粒度大于5mm 的粒料进入锤式粉碎机进行

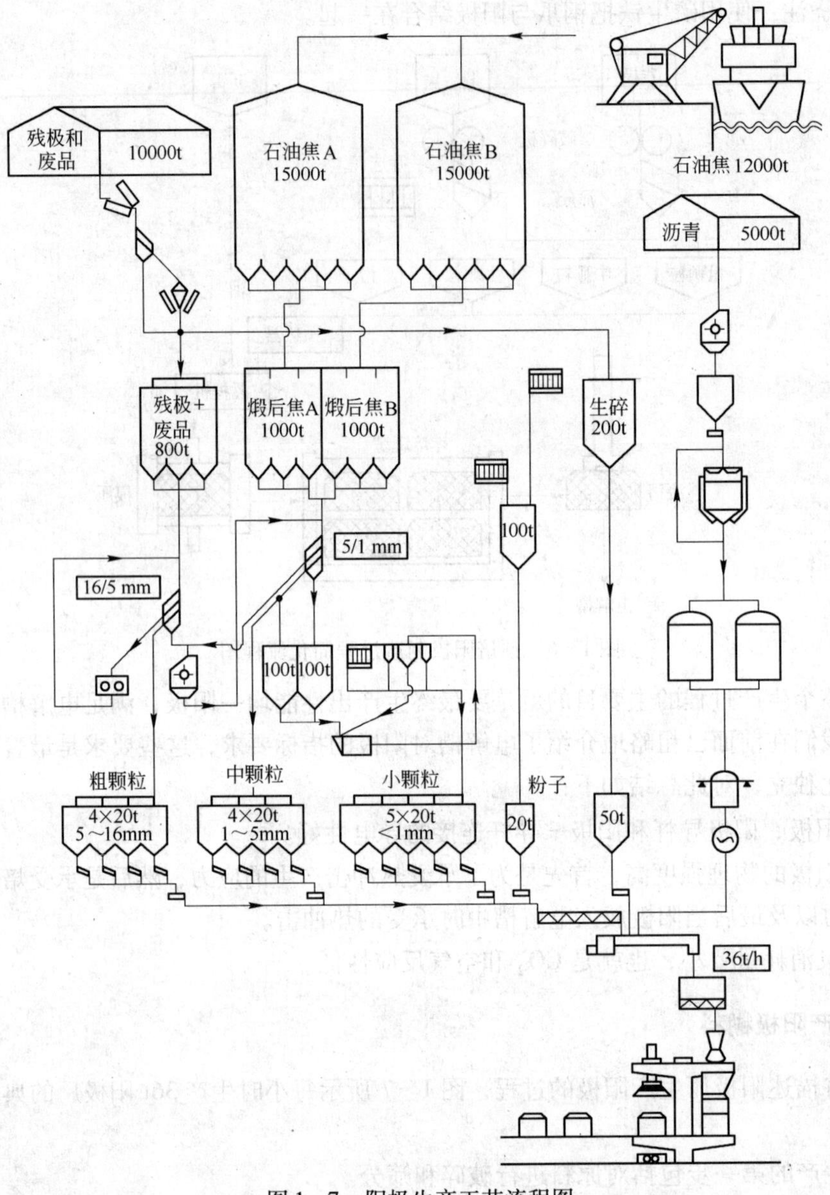

图 1－7　阳极生产工艺流程图

破碎。1 ~ 5mm 之间的颗粒称为“中颗粒”也放入 20t 的料仓中，准备用于配料。小于 1mm 的颗粒先储存放在容量为 100t 的料仓中，然后进入球磨机磨粉。破碎过程和运送装置的中央收尘系统收集的收尘也常常进入球磨机进料仓。球磨机的喂料要控制均匀保持定量很重要，以便能够使球磨粉的细度均匀不变。球磨系统包括球磨机、旋风分离器和过滤器（在这里细颗粒被分离收集，较大的颗粒返回球磨机）结合的风力选分机组成。收尘系统收集的球磨粉进入容量 20t 的料仓内储存，用于配料。

第二步干骨料进行配料。各粒级组成按比例进行分配：颗粒大小分布对数与累积百分比之比呈线性关系，如图 1－8 所示，这条曲线趋向于最大振实容重。但在实践中，由于受到破碎、碾磨和筛分等生产操作的局限，曲线往往会发生偏离。

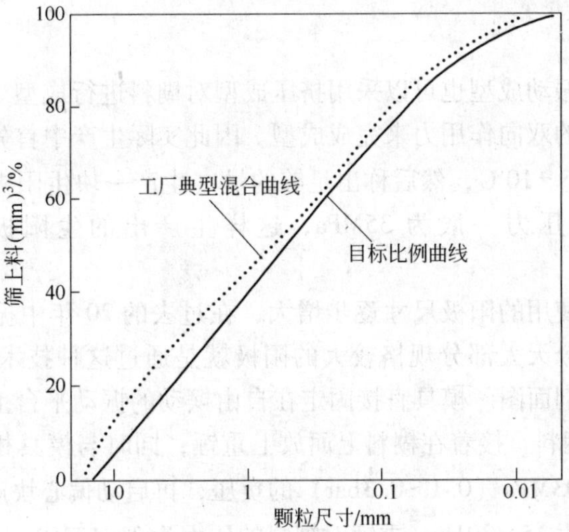

图 1-8 理想颗粒大小分布和典型干骨料之间的对比
(Grjotheim 和 Welch, 1988)

第三步包括对干骨料进行预热。当生产中按照一定要求将各种颗粒配比后，接着在预热螺旋内就要对干骨料进行预热。预热温度大约为 165℃，必须根据生产使用的沥青类型选择预热温度，通常预热温度要高于沥青软化温度 50 ~60℃，以保证混捏过程中沥青的黏度足够低。

第四步是开始生产糊料：就是将干骨料和黏结剂进行混捏。破碎好的生料与沥青一起加入到连续式混捏机中，混捏糊料 10min，在这一过程中沥青将会均匀地覆盖在填充料上。

沥青的加入量大约为 14% ~18%，这要取决于沥青自身的化学组成，焦粒的结构和气孔率以及干骨料的筛分情况（Grjotheim 和 Welch，1988）。尤其重要的是粒度测定：粉子表面积要占到整个配方颗粒表面积的 90% 以上（Smith，1991）。原则上，一方面可通过调整沥青量使之能够充分润湿所有的颗粒，填充颗粒中所有的气孔（使沥青用量最大化）来得到一种折衷办法；另一方面又能在随后的阳极焙烧中沥青碳化过程中挥发分的损失较小。我们将在第 2 章中的 2.5 节“阳极制造过程中参数对阳极性能的影响”中进一步讨论这一课题。

典型情况下生产出的糊料由大约 65% 的石油焦，20% 回收的残极和 15% 的煤沥青组成。加入的残极来自于靠近钢爪周围的部分剩余阳极。因此上面给出的残极加入量是一个相对值，可以改变。

尽管上面所介绍的原料生产工厂代表了现有的生产技术水平，但这种系统也存在着不容忽视的缺点，其中之一就是由于整个工厂中使用大量料仓而会增加工厂投资；另一个缺点是当颗粒在料仓中产生分层时，会对阳极的质量均匀性产生负面影响。还有阳极生产厂家普遍存在的问题是使用球磨机生产线加工残极粉料的可能性，如果这些颗粒被钠等杂质所污染，必将对阳极的反应性带来不利的影响。

Fischer 研究出了一种高度简化布局的、新型阳极工厂的构想：一种和所谓的配料器相结合的混合层存储仓的基本原理，在资金投入、原料灵活性、阳极质量均一性、产量和运行费用等方面来说有独特的优势。

1.3.3　阳极糊料成型

生产中既可以用振动成型也可以采用挤压成型对糊料进行成型。通常挤压成型在阳极上部和下部施加相同的双向作用力来完成成型。因此实际生产中首先将预热好的糊料冷却到比沥青软化温度高5~10℃，然后称出足够的量（生产一块生阳极所需要的量）送入模具，接着挤压成型，压力一般为35MPa，这样生产出的生阳极典型密度可以达到1.6kg/dm^3。

由于随着电解槽使用的阳极尺寸逐步增大，在过去的20年中振动成型技术的重要性已有了明显的提高。今天大部分规格较大的阳极就是通过这种技术生产出来的，图1-9说明了振动成型机的剖面图。模具直接固定在自由摆动的振动平台上，然后在模具内装满温度大约为150℃的糊料，接着在糊料上面放上重锤，同时与模具相连接的一个软管通向真空泵产生0.01~0.03MPa（0.1~0.3bar）的负压，再启动偏心块产生振动，生产时采用的振动频率典型范围为15~30Hz，重锤对糊料的压力为3~15MPa。

通常情况下整个阳极成型过程是全自动操作：在一个旋转平台上固定三个模具，三个模具同时进行工作：第一个模具装糊料，第二个模具成型，第三个模具出块。接着整个装置旋转120°，开始下一个生产循环。

出模后的生块通常要放入水池冷却到常温。

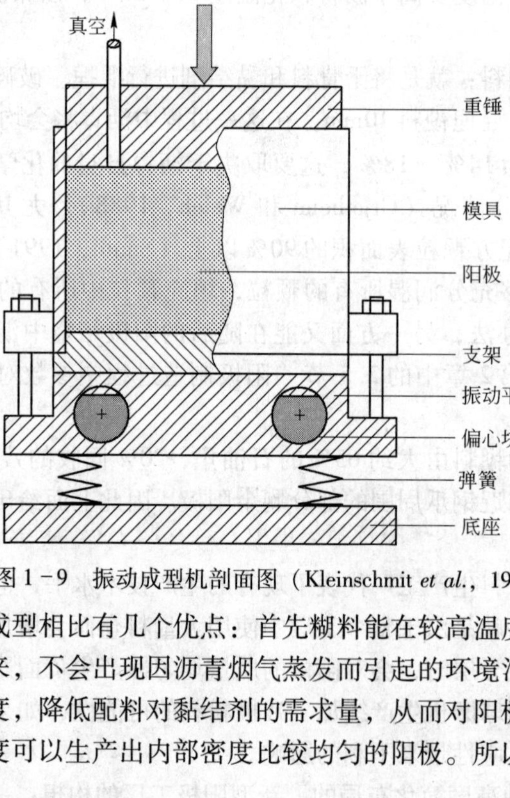

图1-9　振动成型机剖面图（Kleinschmit *et al.*，1983）

振动成型与挤压成型相比有几个优点：首先糊料能在较高温度下成型，生产时可逐渐将气体从糊料中排出来，不会出现因沥青烟气蒸发而引起的环境污染等问题。同时温度较高可以改善糊料的黏度，降低配料对黏结剂的需求量，从而对阳极焙烧特性产生有利的影响。还有降低糊料黏度可以生产出内部密度比较均匀的阳极。所以体积较大的阳极可以通过振动成型生产出来。

阳极尺寸和几何形状是电解槽设计控制和阳极厂生产可能性之间相互协调决定的产物。对于阳极在电解槽内的应用来讲，为了减少生产时换极的频次，使用的阳极块越大越好。但阳极尺寸大小，会受到挤压成型装置和焙烧工艺两方面条件的限制。实践中应用的阳极典型尺寸长1300mm，宽700mm，高650mm。具有上述尺寸的阳极密度为1.65kg/dm^3，质量为980kg。而在工厂内见到的最大的阳极尺寸可达到长1500mm，宽1000mm，质量超过1.5t。然而，由于内部气体的蒸发，这样尺寸的阳极块内部会增加大量细小的裂纹。裂纹的出现会大大降低阳极的机械强度，因此这样的阳极在电解槽中使用时会由于受到热冲击而出现严重破坏。

图1－10所示一典型阳极形状。为了减少应力的集中，阳极边部常常被做成多面体。阳极上部有2~4个炭碗，浇铸时钢爪会被固定在炭碗内（在本章1.3.5阳极浇注一节中将会对此进行说明）。

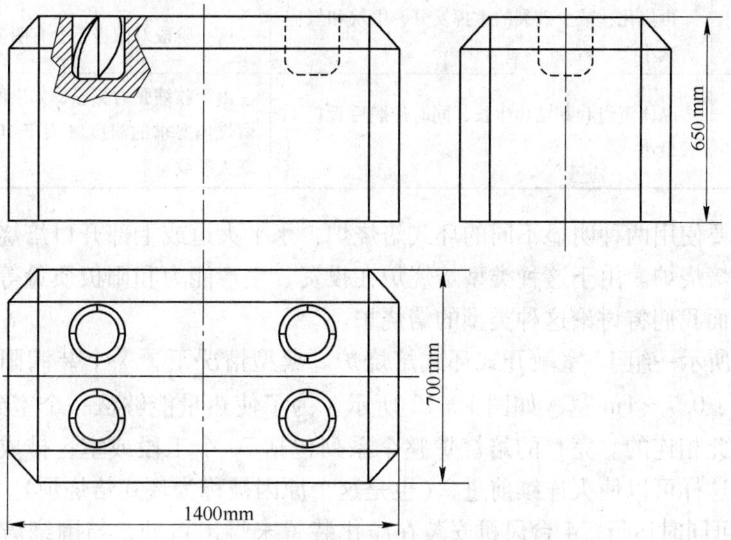

图1－10 典型阳极形状图

1.3.4 阳极焙烧

为了满足阳极在电解槽中使用对其物理性能的要求，生产中需要焙烧生阳极。在焙烧过程中，沥青的轻质组分将会被蒸发掉，重质组分焦化成焦，将石油焦颗粒黏结在一起。阳极焙烧过程基本质量控制要求为：

（1）在生坯周围使用惰性气体保护以避免阳极氧化。

（2）控制焙烧升温速率以使煤沥青结焦量最大，及使生块内部热力学应力最小。

（3）控制焙烧最高温度和保温时间，使炭晶体的生长保持平衡。

焙烧过程中的升温曲线主要根据阳极尺寸、阳极性能实际温度范围而定。表1－3总结了随着焙烧温度的改变，阳极总的性能和有关阳极变形、开裂、均质性的敏感程度。

目前生产中采用的大部分焙烧炉的设计类型是环式焙烧炉，这种焙烧炉的主要特点是，使用燃料气体燃烧间接加热阳极。阳极被放置在4~8个矩形水平料箱内，这样一组料箱也称为一个工段或室。料箱都置火道中间，阳极周围用填充料保护，防止阳极被氧化，通过火道将热量传递给阳极。当阳极在焙烧过程中通过挥发区域时，填充料起到一种非常必要的支承作用。

表 1-3 焙烧升温过程对阳极物理和化学性能的影响

温度/℃	理化变化	实际情况
0 ~ 200	沥青热膨胀，释放成型和冷却过程中形成的应力	密度减小，骨料连接力轻微降低
150 ~ 350	沥青热解膨胀重组，润湿干料	会引起炭碗塌落和变形，渗透性、机械强度、比电阻会受到影响
350 ~ 450	释放轻质组分	骨料的振实密度减小
450 ~ 600	焦化：由塑性物质变成固体释放出大量不能焦化的挥发分	热传导引起的张力会引起阳极内部膨胀/收缩，由热梯度引起的微小/大裂纹会释放应力
600 ~ 900	再焦化：减少破裂的重挥发分，甲烷和氢应力减小	这一阶段对阳极不会有明显的影响
900 ~ 1200	晶体重组和黏结焦生长，同时使煅后骨料生长最小	由于收缩张力膨胀，如果温度大大超过前面煅烧焦要求的温度（大于 100℃），阳极会出现大裂纹

铝工业主要使用两种明显不同的环式焙烧炉：水平火道或上部开口焙烧炉和垂直火道或上部封闭式焙烧炉。由于这种类型焙烧炉在投资、生产能力和阳极质量等方面都具有明显的优势，下面我们将讨论这种类型的焙烧炉。

图 1-11 所示一组 12 室敞开式环式焙烧炉。典型情况下，一个装满阳极的料箱可达 5m 长、5m 高、0.7 ~ 1m 宽，如图 1-12 所示。为了使热量能够从一个室到达另一个室，火道内部是彼此相连的。完整的焙烧炉整个系列包括 70 个工段或室，排成两排，而且末端彼此相连。这样可以使火连续前进，（也是这个原因被称为环式焙烧炉）。一个循环包括 4 组燃烧架，可同时运行。4 台风机安装在净化装置末端出口处，与围绕焙烧炉（因此被称为循环式）的排气管道相连提供空气。因此在进入高温区或预热区之前，常温空气进入冷却区吸收热量。在这些过程中，燃气通过火道加热阳极。

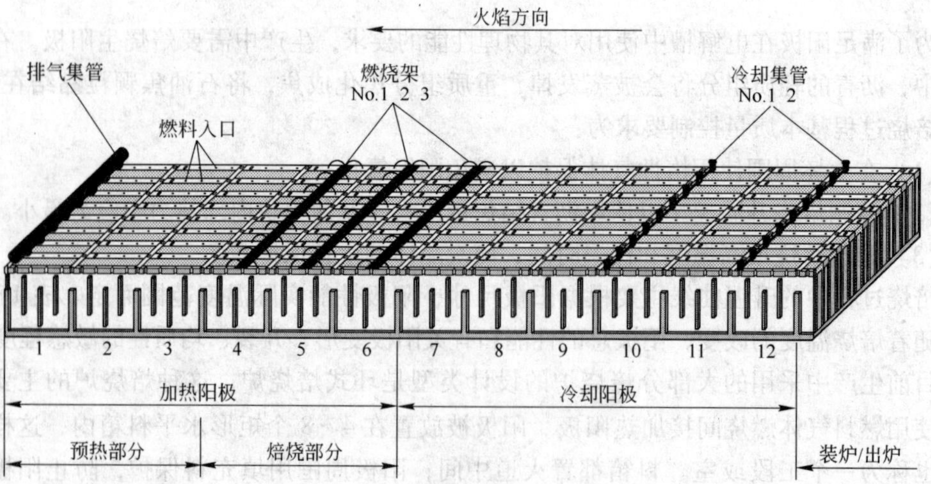

图 1-11 敞开式环式焙烧炉

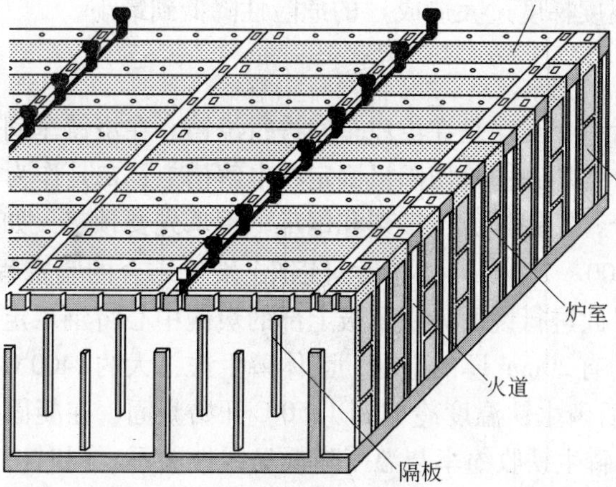

图 1-12 对环式焙烧炉局部详细说明示意图

加热一定时间后，燃烧架和排烟架与鼓风架一起被移到下一个部分，移动的路线沿着燃烧气体流动的方向（即火焰方向）。随着燃烧架移动，阳极的温度开始升高，并且当燃烧架位于上部时，阳极温度也达到最高。

燃烧通过一个室后，到达一个冷却区，这个冷却区位于鼓风架与燃烧架之间（图 1-11中 7 ~12 室的部分）。

冷却区域起到热交换器的作用：当阳极冷却时，同时预热燃烧空气。由于实践方面的原因，焙烧炉不能实现总是在一种状态下操作。必须打开火道孔上面的许多盖子，以便使热空气排放到大气中。

焙烧炉计算机工艺过程控制系统能使焙烧炉在控制状态下保持升温，如图 1-13 所示。在加热升温期间，由于黏结剂中轻质脱挥发分释放出来，会在阳极内产生内应力。如果升温梯度太快的话，这种应力能导致阳极开裂（Fischer *et al.*，1993）。阳极焙烧可以接受的升温速率主要依赖阳极的大小和尺寸，前面加工阶段规定的阳极的性能和实际温度范

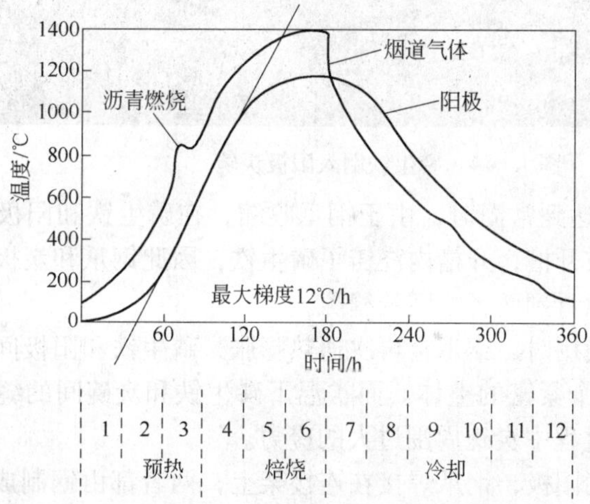

图 1-13 火道温度、阳极温度与时间关系图

围。所以为了使阳极焙烧产量最大化，必须对焙烧过程进行优化（降低阳极焙烧周期），并且将阳极开裂（由于温度梯度过大造成）的危险性降低到最小。

1.3.5　阳极浇铸

阳极生产过程的最后一个工序是在浇注车间进行浇铸。在浇铸车间，将阳极用阳极导杆固定，阳极导杆有两个作用：一是使阳极固定在电解槽上；二是作为导体传导电流。

这种装置包括三部分，即铝杆、连接架和钢爪，钢爪先要预热，如图1－15所示。钢爪典型预热温度一般为100～250℃，这样做对钢爪-炭块结合的紧密程度有很大的影响，我们将在第5章5.4中对此进行说明。在阳极上部的炭碗中心将钢爪定位。根据钢爪几何尺寸计算，在钢爪周围约有20mm厚的空隙，液体磷生铁（大约1400℃）就浇铸到这个缝隙中（图1－14）。浇注后磷生铁温度冷却到1150℃开始凝固，在凝固的过程中体积会收缩1%。在固体状态下，磷生铁收缩率与温度降低呈线性关系。同时由于磷生铁将热量传递给钢爪，因此钢爪温度升高（从而产生膨胀）。当钢爪温度与磷生铁一样时，这时钢爪膨胀达到最大。如果磷生铁的收缩比钢爪的膨胀小，钢爪周围的阳极就会承受张应力。当钢爪和磷生铁冷却到温度达到室温时，这种应力会被释放出来。

图1－14　磷生铁倒入阳极炭碗

当钢爪-炭块连接的温度达到常温时，由于钢爪收缩，在磷生铁和阳极之间就可看到细小的缝隙。由于炭碗四周被开槽，开槽内浇铸了磷生铁，因此钢爪和炭极仍然紧密结合在一起，但在常温下我们可以看到两者之间的缝隙。

当将阳极放入电解槽内使用时，钢爪会再次遇热膨胀，磷生铁和阳极间的缝隙就会消失，钢爪-炭块连接变成了一个紧密的整体。而常温下磷生铁和炭碗间的缝隙就显得特别重要，因为它可以降低电解过程中炭碗周围过大的应力。

图1－15所示为浇注好的阳极，钢爪焊接在连接架上，两者都由钢制成。通常为了减轻质量，生产中用铝材料制造铝导杆。导杆和连接架之间的铝-钢连接是用摩擦焊或爆炸焊焊接而成。

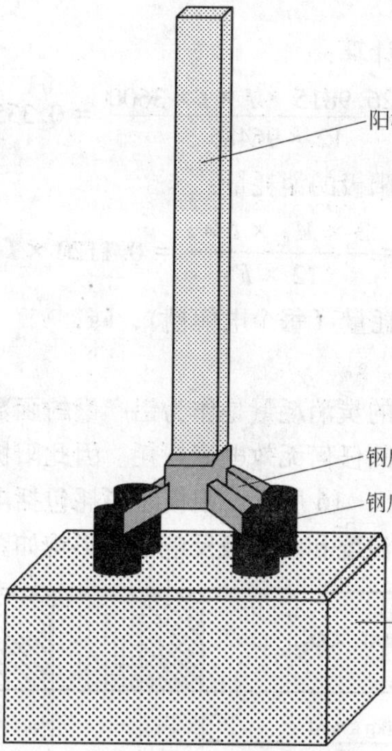

图 1-15 浇注好的阳极

1.4 电解铝生产和阳极消耗

1.4.1 简介

生产中通过电解过程将铝从氧化铝中提炼出来。在电解正极产生氧气，氧气与碳进行反应生成二氧化碳。同时从阴极中电解出铝。这种反应的化学反应方程式为：

$$2Al_2O_3 + 3C \longrightarrow 4Al + 3CO_2 \quad (1-3)$$

用相对分子质量来表示等式（1-3）为：即 203.9g Al_2O_3 与 36.0g 碳反应可生成 107.9gAl 和 132.0g CO_2。这样每个正三价铝离子吸收 3 个电子形成一个铝原子。

$$Al^{3+} + 3e^- = Al \quad (1-4)$$

1mol 的电子带有 96485C 的电荷，这就是法拉第常量 F。为了表示电量的单位，库仑也可写成 A/s（1C = 1A · s）。

在时间 t 内，电流 I 通过电解槽时，要想得到 4 个铝离子，需要 $12 \times F$ 的电荷，因此理论铝产量可表示为：

$$Prod_{thAl} = \frac{4 \times M_{Al} \times I \times t}{12 \times F} \quad (1-5)$$

式中 $Prod_{thAl}$——理论铝产量（每个电解槽），kg；

M_{Al}——铝的相对分子质量，g；

I——电流，A；

T——时间，h；

F——法拉第常数，C。

理论铝产量也可按下列公式计算：

$$Prod_{\text{thAl}} = \frac{4 \times 26.9815 \times I \times t \times 3600}{12 \times 96485} = 0.3356 \times I \times t \qquad (1-6)$$

同样也可以计算出理论上炭阳极的消耗量：

$$Cons_{\text{thC}} = \frac{3 \times M_{\text{C}} \times I \times t}{12 \times F} = 0.1120 \times I \times t \qquad (1-7)$$

式中　$Cons_{\text{thC}}$——理论上炭的消耗量（每个电解槽），kg；

M_{C}——炭的摩尔质量，g。

在实际生产中，铝厂统计出的炭消耗量是作为铝产量的函数统计出来的，因为这些统计数据考虑了导致阳极过量消耗的任何无效电流损耗。因此阳极在电解槽中的性能好坏可由阳极的净消耗量来确定。如图1-16所示，阳极净消耗包括电化学消耗，非电化学消耗或过量消耗组成。电解槽中阳极温度和对阳极反应性的影响如图1-17所示。

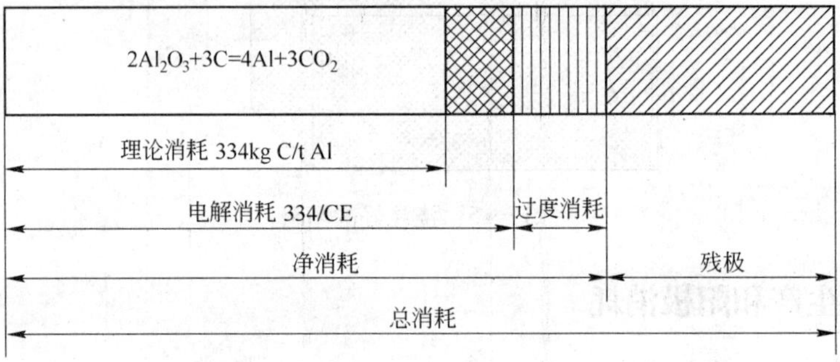

图1-16　阳极消耗（摘自 Mannweiler，1992）

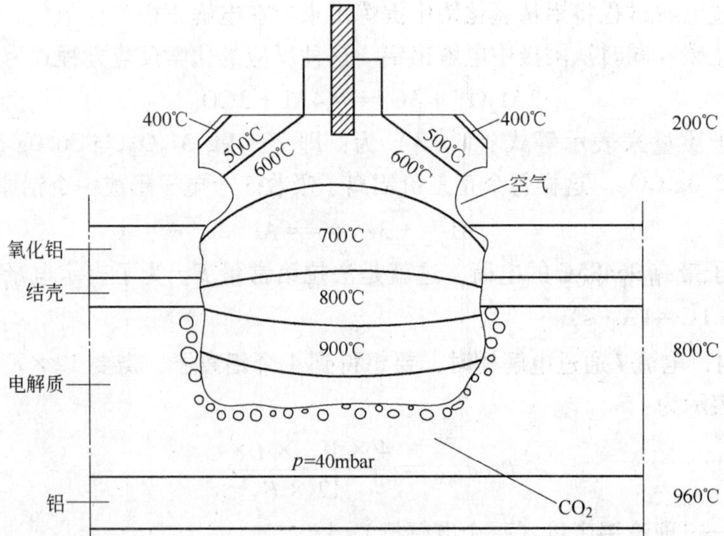

图1-17　电解槽中阳极温度分布和对阳极反应性的影响

（Fischer 和 Perruchoud，1986）

（1bar = 0.1MPa）

阳极过量消耗是指超出化学反应以外的消耗。整个炭消耗包括五部分：

（1）二氧化碳的电化学生成；

（2）一氧化碳的电化学生成（又和铝发生反应）；

（3）阳极与电解过程生成的二氧化碳反应（布达反应或羧基反应）；

（4）阳极上部暴露部分与氧气反应；

（5）沥青焦选择性氧化脱落。

1.4.2 阳极电化学消耗

按照等式（1-3），在电解槽典型电流密度（0.7~1.2A/cm^2）的情况下，电解反应动力学有利于生成二氧化碳。在这一电解反应的基础上生产铝，炭阳极的理论消耗量最小。但是在实践中，这种情况是从来不会出现的。当电流密度（0.1~0.3A/cm^2）较低时，电解槽操作温度960~970℃的情况下，热动力学反应有利于式（1-8）的进行，此反应生成一氧化碳：

$$Al_2O_{3(\text{溶液})} + 3C_{(s)} \longrightarrow 2Al_{(l)} + 3CO_{(g)} \tag{1-8}$$

与此同时，这种反应增加了阳极的消耗速率，使阳极的消耗超过理论消耗，但通常认为由于这种反应机理和相对反应速率低，反应消耗的阳极占阳极消耗量的比例小（Sadler and Welch，1992）。但是这种反应对阳极的边部来说显得特别重要。

二次反应更能降低电流效率。根据反应方程式，在电解槽中不溶解的铝与二氧化碳重新反应被氧化生成 Al_2O_3。

$$2Al_{(\text{溶液})} + 3CO_{2(g)} \longrightarrow Al_2O_{3(\text{溶液})} + 3CO_{(g)} \tag{1-9}$$

由于二次反应，铝被重新氧化成 Al_2O_3。因此实践中实际生产出来的铝要比用法拉第定律计算出来的要少，电流效率（η）描述了铝实际产量与铝理论产量之间的比值。从而 η 是确定电解条件的一个重要的指标。

$$\eta = \frac{Prod_{\text{actAl}}}{Prod_{\text{thAl}}} \tag{1-10}$$

由式（1-11）给出相应铝的实际产量：

$$Prod_{\text{actAl}} = 0.3356 \times I \times t \times \eta \tag{1-11}$$

式中 $Prod_{\text{actAl}}$——实际铝产量（每个电解槽），kg；

η——电流效率，（-）。

1.4.3 阳极化学消耗

炭阳极的化学腐蚀主要通过与空气和二氧化碳反应——这两个重要的气化反应进行的。

当阳极在电解槽中使用时，阳极上部和上面边部暴露在空气中，会发生空气燃烧反应。这个放热反应如下：

$$O_2 + C \longrightarrow CO_2 \tag{1-12}$$

当温度从470℃升到500℃时，可以观察到反应速率增加了120%（Fischer 和 Perruchoud，1986）。他们通过实践观察，找到了降低空气燃烧两个相对的方法：

（1）用氧化铝保护阳极防止空气进入；

（2）为了降低阳极上部的温度，取走氧化铝覆盖层。

以上两种方法都有缺点，第一种情况下将使电解槽过热，而第二种情况已有报道称这样会因能量消耗较高增加热量损失，所以生产中要依赖电解槽的设计来选择最佳方法保护阳极。

另外一种在工业中普遍使用的降低空气燃烧的方法，是在阳极上喷洒一层铝，铝层保护阳极使其不与空气当中的氧气直接接触，但表面喷洒铝层会增加额外生产操作，增加铝生产成本。

羧基反应是一个吸热反应过程。根据电化学氧化公式（1－13），它描述了在阳极的界面产生的 CO_2 和炭阳极之间的反应。这一反应可用 Boudouard 反应描述为：

$$CO_2 + C \longrightarrow 2CO \tag{1-13}$$

这种反应的进行依赖于温度的大小，但是当槽温为 950～960℃时更易于发生反应生成一氧化碳。当反应逐渐形成的气体在阳极周围浮动，并从电解槽中释放出时，在交界面上部或阳极硬壳下面浸入电解质的边部就会发生化学腐蚀。气体渗透进入阳极内部，从而引起气体在阳极内部发生反应。

按照式（1－12）和式（1－13），炭素材料中含有的无机杂质的存在常常起到增强催化反应的作用，或有时会降低 CO_2 的反应速率。一种特殊的催化剂可加速反应速率，并且是与许多变量有关的复杂函数，例如：

（1）与金属有关；

（2）采用的热条件；

（3）催化剂颗粒大小，总浓度和分布情况；

（4）催化剂化学状态和数量；

（5）催化剂与反应气体的接触程度；

（6）气孔率/表面积。

Hume（1993）已经详细描述了催化剂对碳反应性的影响，在此只简略回顾一下。

对空气反应性影响最显著是石油焦中的杂质如钒、硫、镍、钠。就羟基反应而言，钠和钙是影响其反应最重要的杂质，而硫的存在会降低催化效果。Hume *et al.*（1993）研究出了一种焦反应模式来测定 CO_2 反应速率 R_{CO_2}。

$$R_{CO_2} = \frac{0.0411 \cdot Na + 0.101 \cdot Ca}{S} \tag{1-14}$$

式中　R_{CO_2}——CO_2 反应性，%；

Na——钠的含量，$\times 10^{-4}$%；

Ca——钙的含量，$\times 10^{-4}$%；

S——硫的含量，%。

目前随着石油焦中硫含量增加的趋势，电解铝厂面临着较大压力：主要原因是考虑到环境保护的需要，必须降低阳极中硫的含量。因此石油焦生产商也面临着将焦化原料脱硫的压力不断加大。但脱硫后的焦对钠的增加会更加敏感，如果用这种脱硫后的焦来代替含钠敏感性较低的焦（钠污染严重）使用的话，那么将会增加碳的过量消耗。如果将注意力放在对回收残极的清理上，这种焦可生产出高质量的阳极。

1.4.4 阳极物理消耗

黏结剂焦和骨料焦的反应性不同可导致黏结剂相选择性氧化反应，降低黏结剂和骨料连接结构的强度，从而导致填充料颗粒脱落（Barillon，1971）。黏结剂相的反应性较大要归功于它的有序组织结构较少，这是由于阳极焙烧温度比石油焦煅烧温度较低些，这样就会导致黏结剂的表面积增大，大家普遍认为是对黏结剂焦的反应性具有重要的影响（Cutshall 和 Bullough 1985）。Foosnaes and Naterstad（1986）进一步提出原料中的杂质含量能促进沥青焦的选择性氧化。

这种炭损失是指氧化或炭粒脱落，它是未被电解消耗掉的漂浮在电解槽中疏松的炭粒。Cutshall 和 Bullough（1985）注意到氧化可以导致工厂效益的下降：

（1）由于炭的消耗增加从而铝生产成本增加；

（2）由于电解质中炭粒隔离影响，使电解槽温度增加，从而电流效率降低；

（3）降低了氧化铝加料速率，使阳极效应增加；

（4）清除炭渣增加劳动力成本；

（5）清理炭渣会带走电解槽中部分电解质，增加工厂运行成本。

电解槽液体静力学压力为电化学反应产生二氧化碳提供驱动力渗透进阳极的多孔网络结构中。这意味着阳极会发生内部反应，因此阳极潜在的气化成为阳极的一个大问题，而且这一问题不仅限制在阳极外表面发生。所以为了更好的了解反应包含的机理，并利用相关知识，降低阳极消耗速率，Sadler（1989）完成了一项关于羟基反应的详细研究报告。他通过肉眼观察对残极进行分析，确定内部破损是有选择性，首先遭受破损的部位是黏结剂和粉子区域。在此之前，Fischer 和 Perruchoud（1986）已提及过这种黏结基质，如图1－18所示。

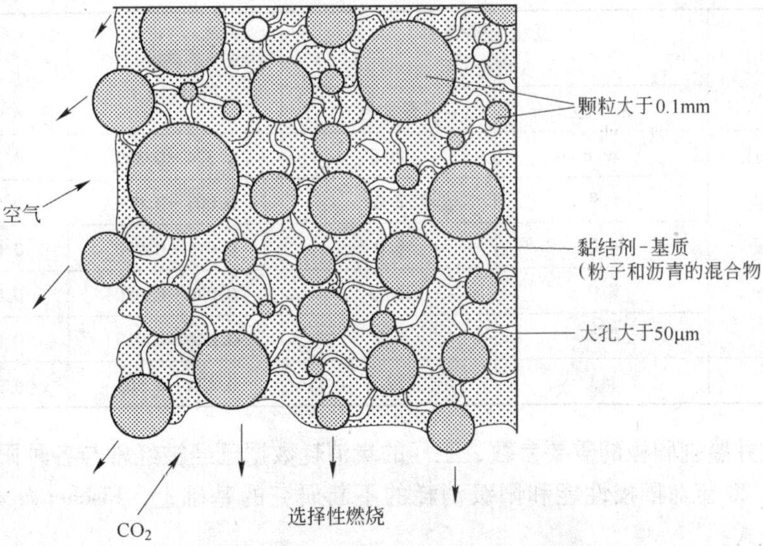

图1－18 黏结基质选择性燃烧简图

在阳极残极的边部（2.5cm 深）中可看到下表面氧化的粉子比在阳极浸入部分表面上产生的更多些。Cutshall（1986）也发现阳极脱落现象主要发生在阳极边部，尽管他把这种现象归功于阳极局部电流密度低引起黏结焦优先电化学消耗造成的。

Sadler（1989）通过实验知道阳极内部二氧化碳腐蚀与渗透性直接有关。通过改变干骨料配方调整阳极气孔率可降低渗透性，从而减少选择性燃烧和由此引起的气化。在适量增加沥青的前提下，通过增加阳极中的粉焦含量可以得到渗透性低的阳极。

Farr-Wharton（1980）也观察到，空气燃烧对阳极上部表面比阳极下部的布达反应对气孔的影响更强烈一些，这同样也能导致炭粒脱落。但由于炭粒有更多的机会燃烧掉，所以这对电解槽的操作负面影响并不大。Houston 和 Oye（1985）注意到在金属和阳极界面，并不存在使炭粒脱落的强烈阳极气体，疏松的颗粒是在自身的重力作用下脱落的。但是当生产中回收利用疏松多孔的软残极时，会对阳极造成大面积的选择性燃烧，并产生很多问题，近来实践也表明这样做会给生产带来难以打破的恶性循环（Fischer 和 Perruchoud 1991b）。

1.4.5　阳极消耗总量

炭总消耗量包括上述所有反应机理消耗的炭全部。在上述研究评估的基础上，Grjotheim 和 Welch 对这些因素中各因素的影响程度分别进行了计算。他们以理论消耗量的百分比给出了表 1-4 所示阳极消耗量范围。这些数据是以理想化的反应即电化学反应 100% 生成二氧化碳为基础，因此任何过量消耗都会使这一数值增加。一氧化碳的电化学形成不能直接计算出来，估计比总的电化学消耗少 2%。通过阳极消耗速率的最小值和最大值（生成每千克铝耗炭量大约是 0.4 和 0.5kg），就可以得到推断出来的数值与实践得出的典型数值有相当的可比性。由于羟基反应、空气燃烧和脱落导致炭过量消耗等带来的炭损耗，都具有可以通过提高阳极质量降低损耗的潜能。

表 1-4　电解质中炭的总消耗量

反　应	变化范围/%（理论）		kgC/kgAl（88% CE）	kgC/kgAl（94% CE）
	最小值	最大值		
CO_2 电化学生成	99.8	98.5	0.374 ~ 0.372	0.353 ~ 0.350
CO 电化学生成	0.8	2.0	0.003 ~ 0.006	0.002 ~ 0.005
CO_2 气孔反应	4.0	8.0	0.015 ~ 0.030	0.014 ~ 0.028
空气燃烧	8.0	20.0	0.030 ~ 0.080	0.028 ~ 0.075
脱　落	0.4	4.0	0.020 ~ 0.015	0.002 ~ 0.014
总　数	113	132.5	0.424 ~ 0.503	0.394 ~ 0.468

为了尝试并鉴别阳极的重要参数，工厂的炭消耗数据已经被经常与各种阳极性能联系在一起。经过 20 年对阳极性能和阳级消耗的不断研究的基础上，Fischer *et al.*（1991a）给出了下列公式：

$$NC = C + 334/CE + 1.2(BT - 960) - 1.7CRR + 9.3AP + 8TC - 1.5ARR \quad (1-15)$$

式中　NC——炭的净消耗量，400 ~ 500kgC/tAl；

C——电解槽因素，270 ~ 310 [-]；

CE——电流效率，(0.82 ~0.95)%；

BT——电解槽温度，945 ~980℃；

CRR——二氧化碳反应残余，75% ~90%；

AP——空气渗透性，0.5 ~5.0nPm；

TC——热导率，3.0 ~6.0W/（m·K）$^{-1}$；

ARR——空气反应残余，60% ~90%。

我们使用了标准设备和检验程序测量试验样品反应残余物。而且这个公式表明，要使炭的净消耗降低，就要从以下方面提高阳极性能：

（1）改进阳极的空气反应性；

（2）提高阳极的二氧化碳反应性；

（3）降低阳极的空气渗透性；

（4）降低阳极的热传导。

根据阳极质量数据，式（1-15）用于测定假定的炭净消耗量。为了计算出工厂炭实际净消耗量，国际上普遍采用以下公式计算：

$$NC = \frac{(n_{new} + n_{fail}) \cdot m_{anode} - (n_{new} \cdot m_{butts} + n_{fail} \cdot m_{fail})}{Prod_{actAl}} \qquad (1-16)$$

式中 n_{new}——新放入的阳极数量，(-)；

n_{fail}——不合格的阳极数量（燃烧掉的），(-)；

m_{anode}——新阳极的平均质量，kg；

m_{butts}——残极的平均质量，kg；

m_{fail}——不合格的阳极平均质量，kg。

在现代化的铝厂中，每吨铝耗炭量在 400 ~420kg 之间，这一目标的最终限定范围是由生产使用的原料质量给定的。

1.4.6 经济方面的考虑

现代化铝厂采用 150 ~300kA 的直流电进行生产。生产 1t 铝需要 5000 ~6000 美元的投资。因此新建年产 200000t 到 250000t 的铝厂需要投资 10 亿 ~15 亿美元，需要年产大约 150000t 的阳极厂。阳极厂每吨阳极具体投资需要 1000 ~1300 美元。因此生产 150000t 阳极厂的投资是 1.5 亿 ~2 亿美元（Keller *et al*，1993）。

当估算特定的铝厂铝生产总成本时，必须考虑固定资产投资、原料（氧化铝）、能量、阳极、劳动力等因素。图 1-19 说明固定资产投资对铝生产总成本有着重要的影响。（Keller *et al*.，1995）。

由于生产年限及折旧方式不同，各个铝厂之间固定资产因素的变化是非常大的，所以对固定资产因素不必太多考虑。如图 1-20 所示铝厂运行成本柱状图，可以看出阳极生产成本的影响是次要的。

但是，既然没有考虑阳极质量方面，这样做不能全面反映电解生产过程中阳极的重要性。用质量次的原料生产出质量差的阳极在电解槽中使用，从而导致严重的经济损失，那么阳极占铝厂运行费用的份额可能从 15% 增加到 30%。

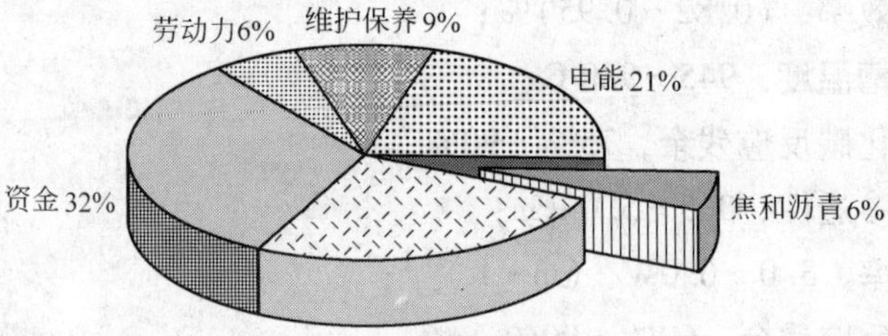

图 1-19　现代化铝厂铝生产成本构成图

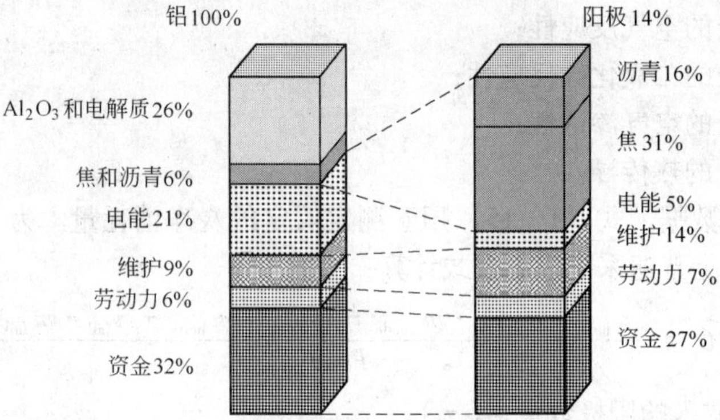

图 1-20　铝厂运行成本

表 1-5 用一个具体实例来说明炭净消耗量对给定铝厂铝生产成本的影响。假定铝厂年产铝 100000t。炭净消耗量每吨铝假定为 410kgC，阳极典型情况下的价格为 400 美元/t，NC 以每吨铝 10kgC 少量增加，估计出的额外成本为每年 400000 美元或每吨铝 4 美元。

表 1-5　NC 对铝生产附加成本的影响

炭净消耗量 (NC) (kgC/tAl)	阳极 (Anodes) (tpa)	差 (Difference) (tpa)	增加年成本 (Add. Cost) /美元·a^{-1}	系数 (Factor) (-)	增加成本 (每吨铝) (Add. Cost) /美元
400	40000	-1000	-400000		-4
410	41000	0	0	1	0
420	42000	1000	400000	1	4
430	43000	2000	800000	3	24
440	44000	3000	1200000	3	36
450	45000	4000	1600000	3	48
460	46000	5000	2000000	6	120
470	47000	6000	2400000	6	144
480	48000	7000	2800000	6	168

铝厂生产铝能力：100000 tpaAl

阳极价格：400 美元/t

不理想的是，质量差的阳极也对电流效率有负面影响，并进而影响铝的产量，所以炭的额外消耗并不是影响成本的唯一因素。而且阳极消耗量较大会导致工人工作量增大以及对电解槽操作带来其他问题。炭的额外消耗对铝生产成本影响是一个重要因素，这对于一个年产能为100000t的铝厂来说意义非常重大。假如每吨纯铝炭净消耗量从410增加到440kgC，那么由于阳极质量问题就会导致附加成本360万美元或吨铝成本36美元。

最坏的情况是阳极质量差，恶化会打乱电解槽的正常状态，然后开始恶性循环：为了降低电解槽温度必须防止电解槽过热、减少氧化铝覆盖物，否则就会导致阳极发生过度空气燃烧，从而增加炭耗量。在这种严重情况下，吨铝炭净消耗量会达到470kg，高出最佳状态下的炭净耗量60kg。为了对铝厂额外生产总成本进行量化，此时由于电解槽出现的问题严重，必须将系数6应用到炭的附加成本中，那么铝厂仅此一项就可导致每年增加1440万美元成本或吨铝增加144美元成本。

如图1－20所示，石油焦价格占阳极成本的1/3，所以对使用价格低的石油焦有利。表1－6说明，假设与上述工厂生产条件相同的情况下，作为炭净消耗量的函数，石油焦的价格对铝生产成本的影响。此时采用一种新的每吨120美元的石油焦取代每吨150美元的石油焦后计算出的结果。

若NC保持每吨铝410kgC不变，而石油焦每吨成本节省30美元，仅此一项每年就能节省781050美元，或者每吨铝节省8美元。然而，价格低的石油焦质量可能不好，最终会导致阳极质量恶化，并增加炭净耗量，在炭净耗量NC每吨铝增加10kgC达到420kgC的情况下，由于使用廉价石油焦节省的成本仍比因阳极消耗量的增加而附加的成本大，这样每年总共节省400100美元或每吨铝节省4美元。

表1－6　炭净消耗量NC对铝生产附加成本的影响

每吨铝炭净耗量（NC）/kg	阳极年耗量/（tpa）	石油焦用量/（tpa）	石油焦年节约成本/美元	节约总成本/美元·a^{-1}	每吨铝损失成本/美元
400	40000	25400	762000	1162000	12
410	41000	26035	781050	781050	8
420	42000	26670	800150	400100	4
430	43000	27305	819150	－1580850	－16
440	44000	27940	838200	－2761800	－28
450	45000	28575	857250	－3942750	－39
460	46000	29210	876300	－11123700	－111
470	47000	29485	895350	－13504650	－135
480	48000	30480	914400	－15885600	－159

焦价格A：150美元/t

焦价格B：120美元/t

阳极中焦的含量：63.5%

根据前面给出的例子，如果因焦的质量问题而导致炭净消耗量继续增加（也就是炭净消耗量增加的系数分别达到了3或6），最终可推出阳极质量对铝产品成本的影响会很大。原料价格的优势同样也带来了阳极质量问题的恶化，最终因阳极过量消耗而造成经济损失，因此当考虑到铝产品的总成本时，为提高阳极质量而采用价高质优的原料也是值得考虑的。

按照上述说明的例子，随着 NC 的进一步增加，铝生产附加成本逐渐上升（即此时要考虑采用阳极需要附加成本系数 3 或系数 6）。

因此，可以推断出阳极质量对铝生产成本有极大的影响。原料价格优势必须付出阳极质量恶化的代价，并且很容易导致由于质量差、阳极消耗量较大带来经济上的损失。另一方面，当考虑铝生产总的成本时，使用价格较高的原料来改善阳极的质量可能仍然是值得的。

一些厂家为了省钱而放弃建立先进的实验室检测产品，他们的检测工具就是阳极在电解槽使用时的实际性能，只要生产不出现问题，这种理论很管用，然而一旦出现问题，例如阳极开裂突然增加，就必须依据电解工艺参数采取措施而不能仅依靠尝试或错误的方法来解决问题。大家非常清楚如果缺少积累连续的质量数据，找到问题的真正根源是非常困难的，由于这一过程发展变化缓慢也许会需要几个月的时间才能对这一问题进行控制，这样的结果就会造成上述确定的重大经济损失。

在实践当中，为了不断得到与产品所有相关的质量报告，在阳极检测方面的投资是被当作一种安全保险，当某些参数偏离了它的典型值时，就系统地采取措施改进，因为这样很容易找到问题的根源。而且阳极在电解槽中的性能表现也能够预测出来，并因此采取措施进行优化，如上所述，可以挖掘巨大潜力节约成本。

第 2 章将介绍阳极的特性，在这一章中将说明如何检测阳极质量以及原料和生产过程参数是如何影响阳极性能的。

2 阳极描述

2.1 阳极采样与测试

在第1章已经说过，原料和加工过程是生产优质阳极的保证。阳极的性能及在电解槽中的行为受原料和生产过程的强烈影响。对阳极理化性能有了了解，就可预测它们在电解槽中的性能（Fischer 和 Keller，1987；Fischer *et al.*，1991；Mannweiler，1991；Fischer *et al.*，1993；Meier *et al.*，1994）。两种阳极样品如图2－1所示。检测是优化阳极性能和降低铝产品成本的重要手段。

a　　　　*b*

图2－1　两种阳极样品

a—有水平裂纹的劣质阳极；*b*—无裂纹的优质阳极

图2－2所示阳极检测流程简图，包括检测描述阳极开裂特性相关的所有性能指标。检测前首先从炭阳极中钻取直径为（50±0.1）mm，长至少为250mm样品芯，然后用合金钢材料做成的刀具将其切割（用水作为冷却剂）成特定测试需要的长度，然后放入150℃的烘箱中，干燥3h，这种检测流程可从单个样品芯中获得产品最大化的质量信息。为了获得整批阳极的有效性能，测量数量在100根范围内，足够的样品数量是必要的。对于阳极生产厂家的常规质量监控，按照其生产量，每50块或每100块成品要采集一个样品。为了能及时发现生产过程中的变化，要对这些样品进行检测和分析。

前面已经提及阳极的物理性能受原料和生产过程的严重影响，尤其是受阳极气孔率的影响。在第3章将给出阳极的每种性能及其特点和典型值范围。大部分性能的检测都是在常温下进行的。理论上为了获得有关阳极在电解槽中性能（行为）的精确信息，应该在相关温度下进行检测，也就是在与电解槽中相似的条件下进行，然而这样会使检测过程复杂得多，而且实践中，这种原理被证实是不可行的，原因是所有的性能在温度升高的情况下，都朝同样类似的方向改变。例如：无论是否在常温下测定还是在电解槽中的温度下测定，阳极的断裂能与弹性能比率保持一致（这对于阳极的抗热冲击是很重要的），其结果

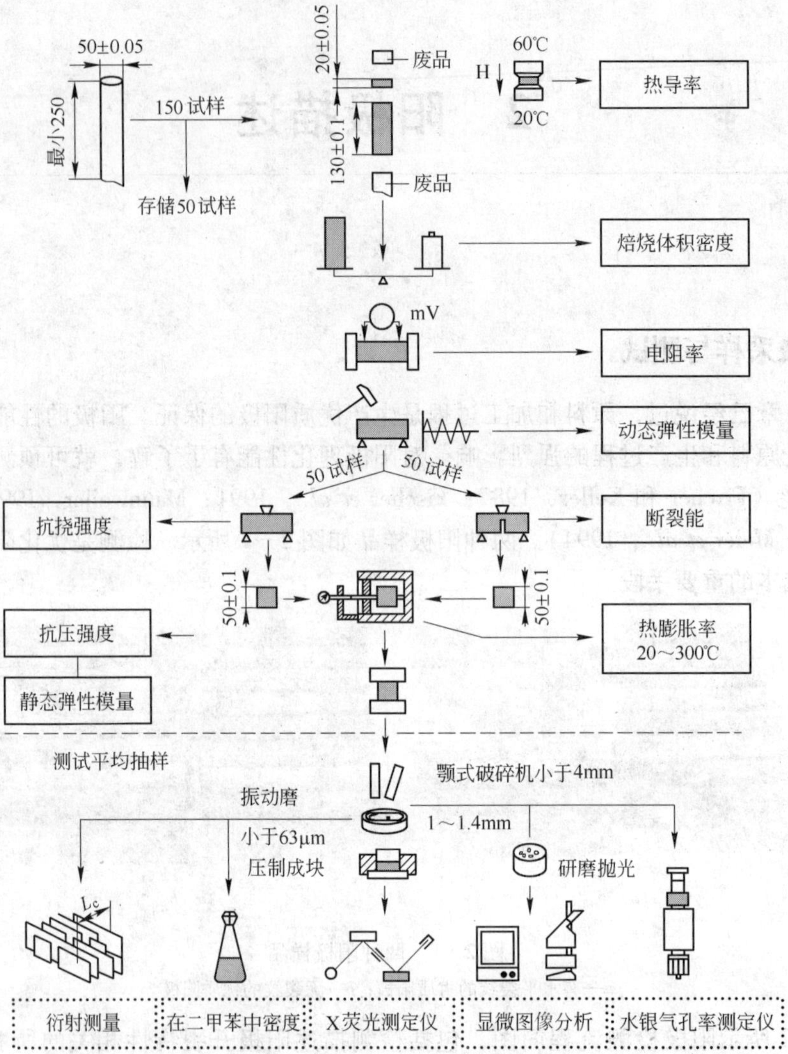

图2-2 阳极检测流程简图

都是一样。所以为了简单起见，一般在常温下进行常规检测，这种检测结果都是可靠的、合理的。

2.2 阳极的微观结构

2.2.1 炭晶体和光学结构测定

固体炭主要是以石墨或非石墨的形式存在的。石墨是由6面体的碳原子聚合而成的层面结构，这些层彼此平行堆嵌在一起。层内的化学连接是共价键，层与层之间的化学键以范德华形式存在（Edwards，1989）。非石墨炭主要是由二维的碳原子长链相互连接而成的。

炭素材料是一种混合物，这种混合物是排列有序的物质（小于100nm），被排列无序的材料包围（Edwards，1989）。对于阳极中的石油焦和黏结焦，它们的排列顺序来自碳化和最终的热处理（焙烧）温度。

碳化或热解是有机材料的最初转变（转变成固体炭以及挥发分组分的变化），一般要在1000℃以下进行。碳化产生晶体是由石墨晶体组成，这些晶体各向异性程度高，但是以一种无序、各向同性的结构相互连接随机转化（Franklin，1951）。

通过石墨化热处理过程可把多晶炭转变成有序排列石墨结构，这一过程提高了晶体的有序性，从而使层空间减少，随后晶体增大。如图2－3所示。晶体高度和直径与石墨化程度有关（Heintz，1978）。在这一过程中值得注意的一个特征是：需要一个大温度范围，而不像普通的固态物质的转变在小温度范围内进行。并不是所有的炭都经历这一过程，而是那些可石墨化的炭。石油焦，石油沥青和煤沥青都是可石墨化的炭，由木材和非炼油焦生成的非石墨化炭，热处理后，结构排序不会有任何提高。

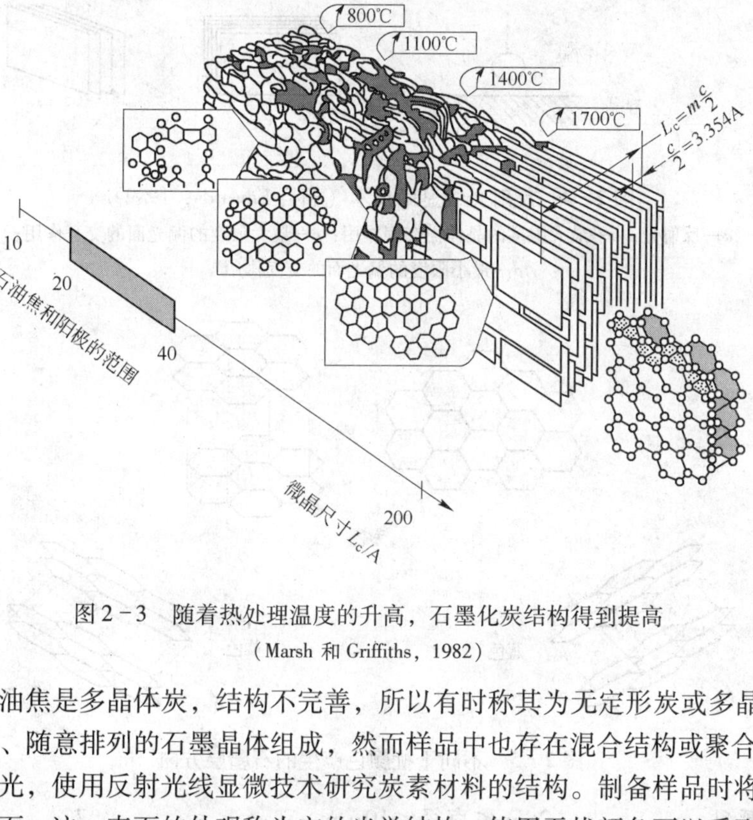

图2－3 随着热处理温度的升高，石墨化炭结构得到提高
（Marsh 和 Griffiths，1982）

阳极用石油焦是多晶体炭，结构不完善，所以有时称其为无定形炭或多晶体炭。它通常是由非常小、随意排列的石墨晶体组成，然而样品中也存在混合结构或聚合结构。

采用偏振光，使用反射光线显微技术研究炭素材料的结构。制备样品时将材料的表面打磨成光学平面。这一表面的外观称为它的光学结构。使用干扰颜色可以看到表面石墨层的走向。反射光线显微技术如图2－4所示。

图2－5为不同的干扰色彩产生出来的石墨层方向，可以估计出相同颜色面积的大小和形状。变化范围从分辨率限制范围（大约0.5mm）到几百微米，很多人都在为描述这一特征找到一个恰当的术语而努力，按照Edwards（1989）的观点，下面同时给出了光学各向异性结构的分类说明及光学组织指标（OTI）因子的说明：

		OTI 因子
各向同性：	无光学作用	0
细镶嵌组织：	<0.8μm（直径）	1
中镶嵌组织：	0.8μm <直径和 <2.0μm	3

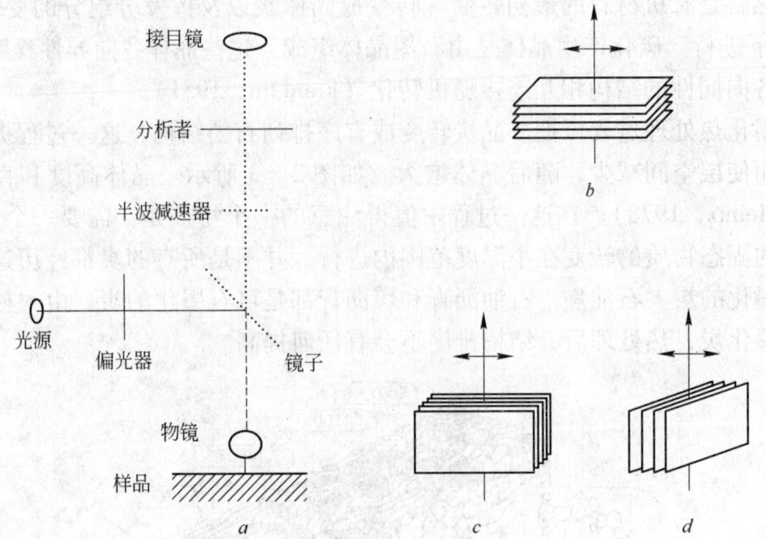

图 2－4　反射光线显微技术（摘自 Edwards，1989）

a—反射光；*b*—最大限度的晶体面交互作用；*c*—最大限度的偏光面的交互作用；*d*—最小限度的偏光面的交互作用

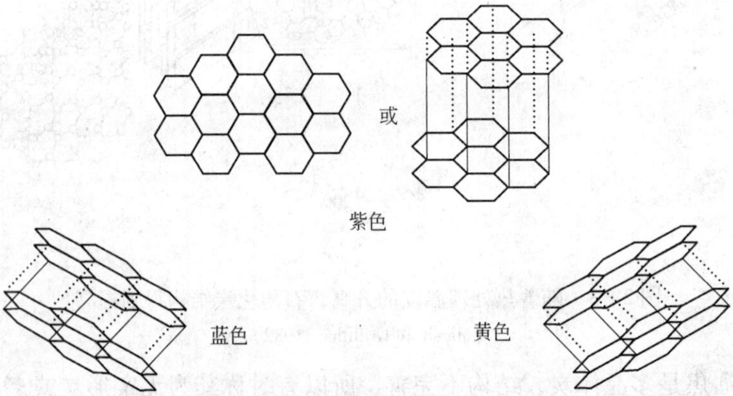

图 2－5　不同干扰颜色产生的石墨层方向

粗镶嵌组织：	2μm＜直径＜10μm	7
细颗粒流动：	长度＞2μm，宽＞1μm	7
粗颗粒流动：	长度＞10μm，宽＞2μm	20
层状：	长度＞20μm，宽＞10μm	30

各向同性物质定义为在各个方向具有相同的性质。在一个方向结构越稳定的物质，其各向异性性能越强。如图 2－6、图 2－7 所示的例子中，通过图片可以看出，石油焦有很小的环行区域，可确定为各向同性；而针状焦有更多的流动结构，因此我们可以判断其主要为各向异性结构。

通过显微图像记录下个体组分的点数，然后将记录的每个组分的各粒级点乘以相应的 *OTI* 因子，并将数值相加，便可得到样品的光学结构指标，这一数字给出了炭素材料总各

图 2-6 各向异性的针状焦的光学显微图

（$OTI=11$，放大倍数 ×230）

图 2-7 各向同性的石油焦的光学显微图

（$OTI=4$，放大倍数 ×460）

向异性程度的一个量度。*OTI* 系数越高，碳结构各向异性越多。Hole *et al*，（1991）发现石油焦 *OTI* 的范围可从优质焦 22.4 延至各向同性焦 2.7。阳极用焦范围为 3.2 ~ 12.3。

必须强调的是，这只是一个相对技术指标，并且各向同性的材料可能仅是那些在分辨率出状态下可以看到的。当用较高倍数的目镜来检验一个物体的表面，可以有更多的各向异性物质被区分出时，这就变得很明显了。

除了 *OTI* 因子检测方法外，人们还研究出了其他方法来测定炭的光学结构。从而用孔隙率的方法（Hume，1993）与计算机图像分析法（CIA）（Mays 和 Mcenaney，1992）可测定炭气孔轴向比。气孔轴向比定义为气孔宽除以气孔最长直径之比，气孔宽是与气孔最长直径垂直的两点间的距离。图2-8所示观察到的各向同性与各向异性焦轴向比分布变化。

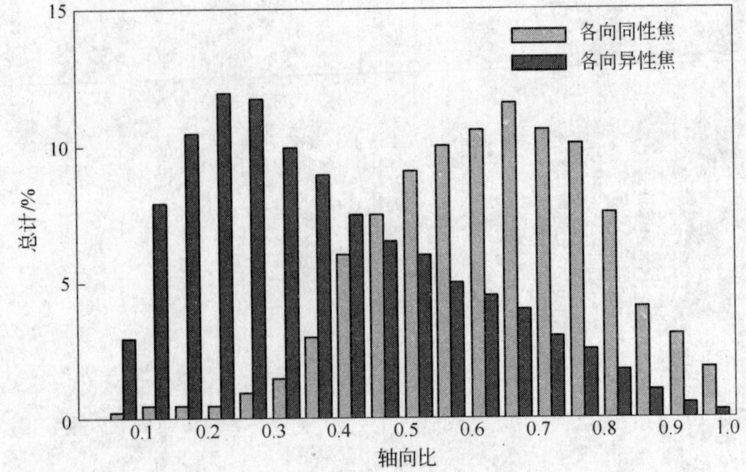

图 2-8　石油焦的轴向比分布曲线

（摘自 Hume，1993）

各向异性针状焦中间直径为 0.3，而各向同性焦为 0.6 左右。

2.2.2　气孔率

炭素制品中含有的空隙或气孔可能是在生产过程中产生的，或者是原料微观结构固有的。空隙是固体当中一种中空的空间，发生在分子和原子排列不连续的地方。气孔是空隙的一种与固体的外部表面相连接，能允许流体流入、流出材料。因此气孔又可分为开口气孔和闭口气孔。前者指与固体外表面相连接的气孔，后者是指不与外表面连接的空隙。

气孔产生的来源为（Rand *et al.*，1989）：

（1）由于沥青混合与浸润不充分或沥青用量不足，颗粒间的气孔没有被完全填满；

（2）在炭化过程中黏结基质内部产生的气孔；

（3）由于加工过程中（因收缩引起的）黏结剂和颗粒之间的界面间气孔。

骨料焦内部的气孔（即原料当中的气孔），如果阳极在加工期间的热处理温度比它经历过的温度更高的话，能进一步发展扩大。颗粒内的气孔率（开口气孔率）在最初的混捏过程中被黏结剂部分填充。这需要测定沥青的浸润性和流动性，它们一起控制着沥青的毛细管作用。

黏结剂中的气孔是由于在碳化过程中沥青体积大量收缩而产生的。碳化过程中沥青质量在 35% 的范围内变化。

界面气孔的产生依赖于黏结剂与填充料的结合情况。若两者之间结合情况差，在碳化过程中黏结剂就会分开，从而使界面气孔打开。然而，如果黏结效果好，黏结剂就会把颗粒很好地包裹在一起，而总体积收缩（也就是体积会减少）。实践中，常常观察到相反的机理：如果骨料焦（质量）好，颗粒间空间就会在碳化前被填满，那么沥青碳化时挥发分就难挥发出来，挥发物会在局部地区产生压力，在碳化部分产生“气泡状”或所谓的“气体捕获”气孔，在这一部分沥青有些流动性，但是黏度高，这样会引起阳极体积膨胀，同时由于在碳化过程中黏结剂损失和收缩而导致了气孔率增大。

铝用炭阳极中的气孔按其尺寸大小可分为如下几种类型：

微孔（小孔）：直径小于 0.1μm

中孔：　　　直径在 0.1 ~ 10μm 之间

大孔：　　　直径大于 10μm

这种分类是以炭阳极的具体特征为依据随意进行的。而测定阳极中的气孔大小分布最普通的方法是水银气孔率测定法。当测定水银在炭阳极样品中的体积时对要给它一个增加的压力 p，水银被挤压进入炭素样品中，而水银进入阳极的体积为施加压力的函数。气孔被假定为圆柱形，气孔的半径 r 是通过 Washburn 公式计算的（Washburn，1921）（从 cgs 到 SI 系统的单位转换系数为 13.7）

$$p = -\frac{13.79 \times \gamma \times \cos\theta}{r} \tag{2-1}$$

式中 p——压力，Pa；

γ——表面张力（对水银来说 $\gamma = 0.48\text{N/m}$），N/m；

θ——接触角（气孔与水银的接触角 $\theta = 140°$），deg；

r——气孔半径，m。

气孔的体积分布可通过测定直径增大时体积的增量与平均直径的比值得到。现代化的气孔率测量计可在从低压到大约 500MPa（5000 个大气压）下进行，相当于一个大约 7.5μm 到 1.5nm 的气孔半径。然而，因为颗粒有可能破碎，或者是封闭的气孔有可能开裂，在高压下通过水银气孔率测定仪测出的数据计算出的气孔大小分布有可能是错误的。还有一点应该强调的是：因为这种方法建立在假设存在完全横切的、圆柱形的气孔的基础上，所以这一计算方法是有一定局限性。也就是说，不可能确定气孔的实际形状。另一个关心的基本问题是 Washburn 等式的系数值也是假定的。对水银还有其他液体来说，接触角不但与固体表面的物理化学状态有关，而且还与水银或其液体在固体表面上向前进或向后退有关。对多孔结构来说，填充气孔的临界尺寸是那些收缩的气孔入口，而不是气孔中主要的较大尺寸的入口，也就是这个原因，通过水银气孔率测定仪得到的气孔直径是气孔入口直径。

图 2-9 为炭阳极气孔分布图，包括可能存在的所有不同类型的气孔。前面已经说过，气孔的产生有不同的原因，并且依赖起因不同，气孔的大小和形状也有所变化。因此气孔体积分布图包含有关原料和阳极生产过程中有价值的信息，这些信息最终将影响阳极在电解槽中的表现。

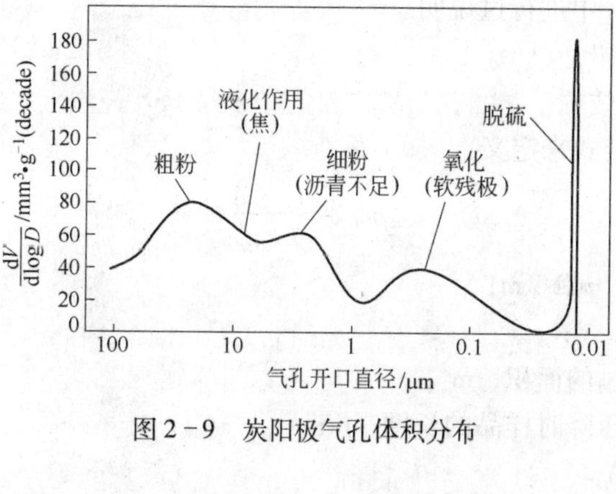

图 2-9　炭阳极气孔体积分布

2.3 阳极的理化性能

2.3.1 体积密度

体积密度可用下列公式来定义：

$$\rho_{app} = \frac{m}{V} \tag{2-2}$$

式中 ρ_{app}——体积密度，kg/dm^3；

m——样品质量，kg；

V——样品体积，m^3。

当测定体积密度 ρ_{app} 时，包括所有的气孔在内，称量出样品的质量和它的体积。通常情况下，试验利用长度 130mm，直径为 50mm 的圆柱形样品进行。

阳极的体积密度对于确定阳极在电解槽中的性能是一个重要的质量指标。阳极大部分的物理性能和化学性能都受阳极体积密度的强烈影响。

对挤压成型的阳极而言，焙烧阳极的体积密度典型值在 $1.53 \sim 1.58kg/dm^3$，或对振动成型而言，焙烧阳极的体积密度典型值在 $1.56 \sim 1.61kg/dm^3$，具有 $0.03kg/dm^3$ 的标准偏差。就阳极消耗而言，体积密度高比较有利，然而体积密度高材料脆性较高，会增加遭受热冲击损坏的影响。

体积密度也可被用来计算阳极的总气孔率：

$$P_{tot} = \frac{\rho_{real} - \rho_{app}}{\rho_{real}} \times 100 \tag{2-3}$$

式中 P_{tot}——总气孔率，%；

ρ_{rea}——真密度（炭阳极 $\rho_{rea} \approx 2.08kg/dm^3$），$kg/dm^3$；

ρ_{app}——体积密度，kg/dm^3。

挤压成型的阳极气孔率典型值在 24% ~26% 之间，而振动成型的阳极气孔率典型值为 23% ~25%。一般来说，气孔率高的原料在混捏时要求添加的沥青量更多一些。应该指出的是，尽管气孔率参数不能用来优化沥青含量，但对于给定原料的最佳配方线，仅能从经验方面通过动态过程优化来发现它，这种动态过程优化将在本章 2.5 节“阳极制造过程参数对阳极性能的影响”中进行过说明。

2.3.2 比电阻

比电阻可用下列公式来定义：

$$\rho_{el} = \frac{U \times A}{I \times L} \tag{2-4}$$

式中 ρ_{el}——比电阻，$\mu\Omega \cdot m$；

U——电压降，V；

A——电流通过的面积，m^2；

L——测量电压降时样品的长度，m；

I——电流，A。

实验使用的设备包括：一台带有安培计的直流电源，一台伏特表和一台样品夹紧装置（图 2-10 所示）。实验也采用圆柱形炭芯为样品，长 130mm，直径 50mm。从而当 1A 不变的电流通过样品时，就可以测出给定长度样品的电压降。

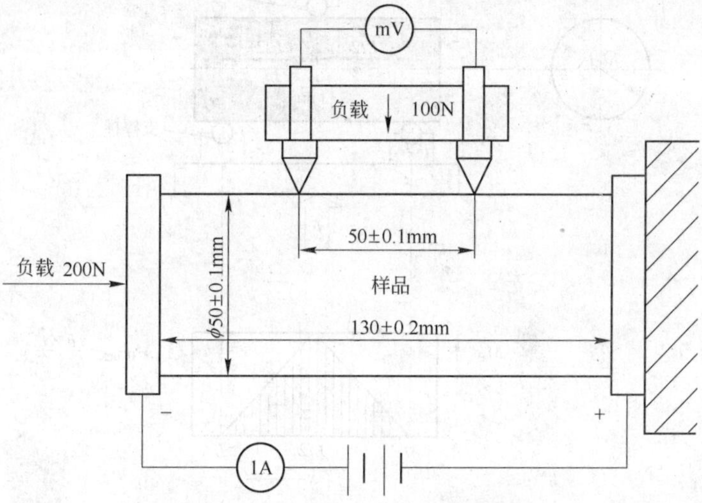

图 2-10 比电阻测定的基本原理

比电阻受阳极密度影响极大，密度高的阳极生产出的电阻也低。挤压成型的阳极比电阻典型值为 55 ~ 62μΩ · m，而振动成型的阳极比电阻典型值为 52 ~ 58μΩ · m，标准偏差 2σ 为 4μΩ · m。一般情况下，人们期望阳极的电阻率越低越好，但是这种限定条件会对阳极的其他特性产生负面影响（例如导致阳极力学性能变脆）。

测量比电阻不仅可以用来说明阳极在电解槽中的性能，而且也可以用来探测阳极内部存在的细小裂纹。特别是水平裂纹（垂直于样品炭芯纵轴线的裂纹）显著影响了比电阻。

2.3.3 抗折强度

三点弯曲测试是一种用来测定材料机械强度普遍采用的方法，这种装置在支撑跨度的中部，正对负载杆的地方产生最大张应力。三点弯曲测试图如图 2-11 所示。

样品弯曲应力见式（2-5）：

$$\sigma_B = \frac{M_B}{I} \times Z \tag{2-5}$$

式中 σ_B——弯曲应力，N/m^2；

M_B——弯矩，N · m；

I——轴面转动惯量，m^4；

Z——距中轴的距离，m。

在两个支撑杆之间的中部弯曲力矩达到最大：

$$M_B\left(X = \frac{L}{2}\right) = \frac{F \times L}{4} \tag{2-6}$$

圆形剖面的轴面转动惯量为：

$$I = \frac{\pi \times D^4}{64} \tag{2-7}$$

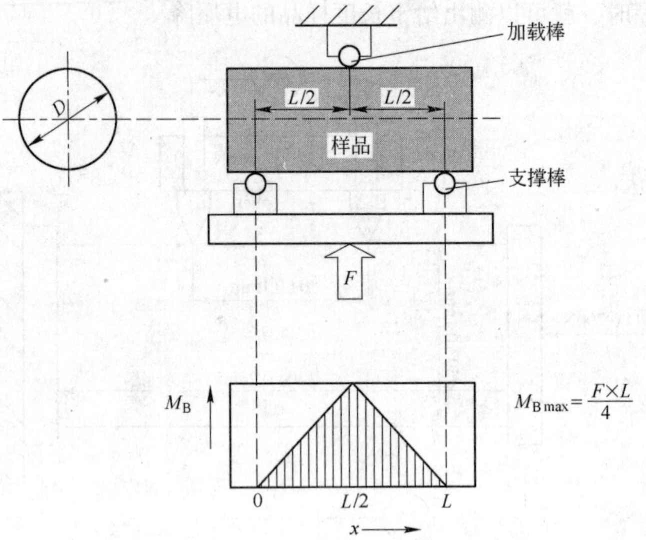

图 2-11　三点弯曲测试图

上图—三点弯曲试验测量装置；下图—在压力作用下样品内部的弯矩分布

在正对压力杆的表面产生最大应力，这种应力距离轴中心线为直径的一半：

$$Z(\sigma_{\max}) = \frac{D}{2} \tag{2-8}$$

式中　F——试验施加的负载，N；

L——支撑点间的长度，m；

D——样品直径，m。

根据式（2-5）~式（2-8）就可以计算出抗折强度：

$$\sigma_{\max} = \frac{8 \times F_{\max} \times L}{\pi \times D^3} \tag{2-9}$$

采用 RDC-184 仪器测量弯曲强度（瑞士 R&D 炭素公司，3960 Sierre 生产制造）。试验时，这种装置在样品上施加一种稳定线性增加的负载，直到样品产生破坏，然后仪器自动停止加压，记录试验施加的最大压力，并用上述公式计算出抗折强度。

样品尺寸按照 ISO CD 12986 的标准制备：样品直径为 50mm，长为 130mm，这样使支撑跨度/样品直径比率为 2。但这样意味着不能得到适当的抗折强度。相反，既然与因热冲击而产生的应力有相同的本质，那么它更像是一种有实践重要性的弯曲/剪切强度（见第 4 章热冲击性一部分）。

为了得到这种材料的惰性机械强度，避免裂纹扩展产生是非常必要的。所以试验时施加的负载数率必须选择的相对高一些。RDC-184 装置工作时每秒加载 1000N，根据材料的质量，大约只需 5s 就会使样品发生破坏。

挤压成型的阳极抗折强度典型平均值为 8~10MPa，而振动成型的阳极其抗折强度典型平均值为 10~12MPa（$1\text{MPa} = 10^6\text{N/m}^2$）。然而，这一平均值在实践当中意义不大，因为阳极的力学性能受到抗折强度变化的显著影响。抗折强度的分布可以用韦伯统计理论来进行详细描述，这种理论建立在强度最弱模型基础之上。与高斯正态分布相比，原则上的不同是韦伯分布曲线不对称。关于韦伯统计理论的详细说明以及应用将会在第3章“裂纹机理”进行讨论。

抗折强度的变化可用韦伯模量 m 来量化，下面是对不同阳极观察到的 m 数值：

（1）$m=3$：变化大，阳极质量差；

（2）$m=8$：中等变化，典型阳极质量；

（3）$m=13$：变化小，阳极质量好。

一般情况下，为了使阳极在处理过程及浇铸过程中可以承受力学应力，因而希望阳极抗折强度达到一定水平。但是如果抗折强度过大则会提高阳极的脆性，从而引发阳极使用时热冲击造成的不良后果。

2.3.4 抗压强度

抗压强度也称为抗碎强度，一个等轴的样品芯（长 50mm ± 0.1mm，直径 50mm ± 0.1mm）承受如图 2－12 所示的单轴负载。

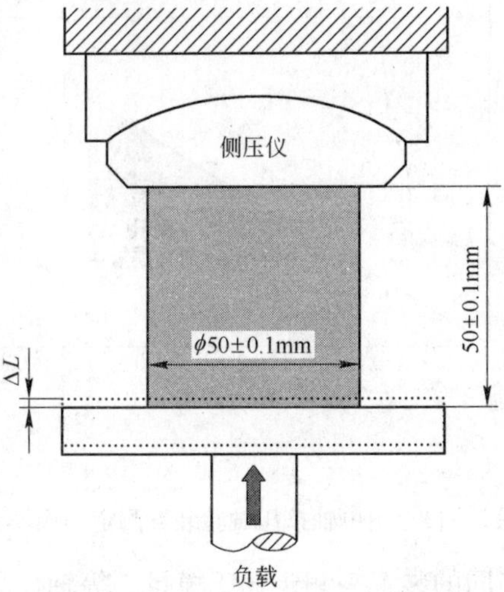

图 2－12 单轴负载挤压试验装置

抗压强度可用下式定义：

$$\sigma_C = \frac{F_{max}}{A} \tag{2-10}$$

式中 σ_C——抗压强度，N/m^2；

F_{max}——试验时施加的最大负载，N；

A——样品截面积，m^2。

试验采用 RDC－150（瑞士，3960 Sierre，R&D 公司生产）装置测定抗压强度。试验时，这种装置在样品上施加一种稳定线性增加的负载，直到使样品产生破坏，然后自动停止加压，记录试验施加的最大压力，并用上述公式计算出抗压强度。

与测定抗折强度一样，为了获得物体的惰性机械强度，必须避免裂纹的进一步的扩展，因此试验时加载速率要相对高一些，RDC－150工作时每秒加载10000N，根据材料的质量，大约只需8s就会使样品发生破坏。

挤压成型的阳极典型平均抗压强度为35～40MPa，而振动成型的阳极其典型抗压强度为40～48MPa（$1MPa = 10^6 N/m^2$），与抗折强度的数据相比，抗压强度数据符合高斯正态对称分布，这种情况的出现可用抗压强度对微裂纹的存在并不敏感来解释，一批类型的阳极的抗压强度变化量为4MPa（2σ）。

一般情况下，抗压强度是抗弯曲强度的4倍，如果比率更大，就说明阳极中存在看得到的大裂纹。

实际上阳极较高的部位比较低的部位抗压强度要高些。与抗折强度一样，这会对阳极的抗热冲击性产生负面影响，因为抗压强度高的阳极通常脆性增加了。

2.3.5 静态弹性模量

静态弹性模量也称为（静态）杨氏模量，它可用应力－张力的对应曲线的倾斜度来表示，如图2－13所示，杨氏模量高意味着曲线的倾斜度大，因此表明材料的非弹性性能高（如果把杨氏模量称为非弹性模量，这种叫法可能会更有意义）。

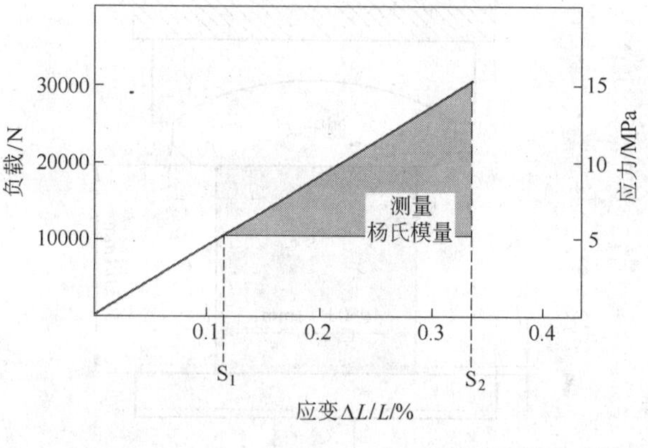

图2－13 用单轴挤压试验装置测定杨氏模量

可用与测定抗压强度相同的装置来测定杨氏模量。等轴样品炭芯（长50mm±0.1mm，直径50mm±0.1mm）承受到一个单轴挤压负载，测量出压力10000～30000N之间的位移变化，如图2－12所示。如下式推导出杨氏模量：

$$E_{stat} = \frac{F \times L}{A \times (\Delta L_2 - \Delta L_1)} \tag{2-11}$$

式中 E_{stat}——静态杨氏模量，N/m^2；

F——试验施加的负载，N；

A——样品截面积，m^2；

L——样品原长，m；

ΔL——由于样品上施加压力产生的位移，m。

在最大压力为30000N（相当于抗压强度15MPa）的情况下测定杨氏模量，焙烧阳极仍然表现出线弹性，也就是说，这时胡克定律依然有效，也就是定律是有效的，最初施加

10000N 压力的目的是为了排除在切割样品过程中产生的有可能影响测量结果的任何毛口或干扰因素。

在典型情况下，静态弹性模量在 4.0 ~ 5.5GPa（$1GPa = 10^9 N/m^2$）范围内变化，挤压成型的阳极其静态模量值低一些，振动成型的阳极其静态模量值要高一些，典型标准误差 2σ 为 0.7GPa，这种情况是由于材料内部的不均质性引起的：比如大裂纹或黏结剂的含量。

为了避免阳极变脆导致热冲击带来的一些问题，人们希望杨氏模量低些。通常杨氏模量与体积密度成比例，这样就与生产高密度阳极初衷相矛盾，因此需要找到一种折衷的办法，来解决这种矛盾。

2.3.6 动态弹性模量

动态弹性模量也称为动态杨氏模量。与静态弹性模量的主要原则上的区别就在于测量方式不同。所谓的动态弹性模量是通过脉冲激发使样品产生振动，并且测量出振荡频率，从而计算出动态弹性模量，是一种对样品无破坏的测量方式，如图 2-14 所示。

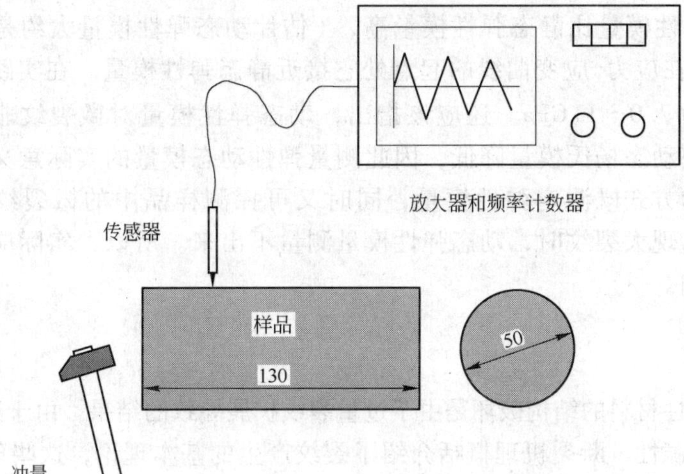

图 2-14 通过脉冲激发动态弹性模量试验装置简图

可通过样品内纵向共振波动方程得出动态弹性模量推导方程：

$$\frac{\partial^2 u}{\partial t^2} = c^2 \times \frac{\partial^2 u}{\partial x^2} \tag{2-12}$$

式中 x——轴向坐标，m；

u——x 轴向位移，m；

t——时间，s；

c——常数，m/s。

就线性弹性来说，均质的、各向同性的物体，其常数就等于波动速率，它与弹性模量和密度的关系如下式所示：

$$c = \sqrt{\frac{E_{dyn}}{\rho}} \tag{2-13}$$

式中 c——物体的波动速率，m/s；

E_{dyn}——动态弹性模量，N/m^2；

ρ——体积密度，kg/m^3。

由于

$$c = f \times \lambda \tag{2-14}$$

式中 f——共振频率，s^{-1}；

λ——波长，m。

由于波长是样品的两倍长，所以该材料的动态弹性模量可由下式得出：

$$E = 4 \times \rho \times l^2 \times f^2 \tag{2-15}$$

式中 l——样品的长度，m；

f——共振频率，s^{-1}。

采用 GRINDOSONIC 装置（由 J. W. Lemmens - Elektronika N. V. ,3030 Leuven, Belgium 制造）测定动态弹性模量，利用这一仪器，我们可以不破坏各种尺寸的圆柱形样品就可以测量其动态弹性模量，在本研究中采用 130 ± 0.1mm 长，50 ± 0.1mm 直径的圆柱形样品。

一般动态弹性模量比静态弹性模量高，（估计动态弹性模量大约是静态弹性模量的两倍），但是在应力-应变曲线的起点处它接近静态弹性模量。在实践中动态弹性模量的典型范围为 7.0 ~ 11GPa。还应该指出，动态弹性模量对微裂纹非常敏感，即微裂纹的存在会使动态杨氏模量降低，因此测量弹性动态模量的实际意义就在于对样品以完全无损害的方式既测定弹性模量，同时又可探测样品中的微裂纹。需要重视的是，当样品中出现大裂纹时，动态弹性模量测量不出来。所以，实际应用测定动态弹性模量受到限制。

2.3.7 断裂能

炭阳极等脆性材料的结构破坏是由于过量裂纹扩展导致的结果。由于这些材料抗裂纹扩展性差而产生脆性。断裂机理概括介绍了裂纹产生的基本理论，这些理论将在第 3 章“断裂机理”中详细介绍。

Griffith 能量法是用来描述脆性材料的断裂机理的一种常用的手段（Munz 和 Fett, 1989）。抗裂纹扩展能 G_{IC}说明了表面产生裂纹扩展必需的能量，比表面断裂能 G 是建立一个新的断裂面所必需的能量。因为产生裂纹扩展有两个断裂面，所以用下式表示为：

$$G_{IC} = 2 \times G \tag{2-16}$$

式中 G_{IC}——抗裂纹扩展能，J/m^2；

G——比表面断裂能，J/m^2。

裂纹扩展所需的能量来自于：外力做功 A 和材料内部储存的弹性能（U）。能量释放率 G_I 是单位面积裂纹扩展释放的能量。因此能量释放速率由下式给出：

$$G_I = \frac{dA}{dS} - \frac{dU}{dS} \tag{2-17}$$

式中 G_I——能量释放率，J/m^2；

A——外力做功，J；

U——材料内部储存的弹性能，J；

S——断裂面，m^2。

能量释放率随着外部负载的增加而增加，当 $G_I = G_{IC}$ 时裂纹开始扩展。

为了通过实验测定断裂能 G，试验必须控制裂纹扩展。那就意味着在裂纹发生时必须限制样品内部储存的弹性能的大小。通过两种方式可以达到降低这种储存能量的目的：

(1) 使用一种硬度高、非弹性试验仪器；

(2) 如图 2－15 所示，通过改变样品的形状，只需很小的负载就可使裂纹产生。

利用 RDC－184 仪器（由 R&D 炭素公司制造），一个（带有缺口的）圆柱形炭芯样品受到三点弯曲负载。结合压力-位移曲线，如下式所示测量断裂能 G：

$$G = \frac{1}{2} \times \frac{dA}{dS} = \frac{1}{2 \times S} \times \int_0^{y_0} F \times dy \qquad (2-18)$$

式中 F——施加的负载，N；

y——位移，m。

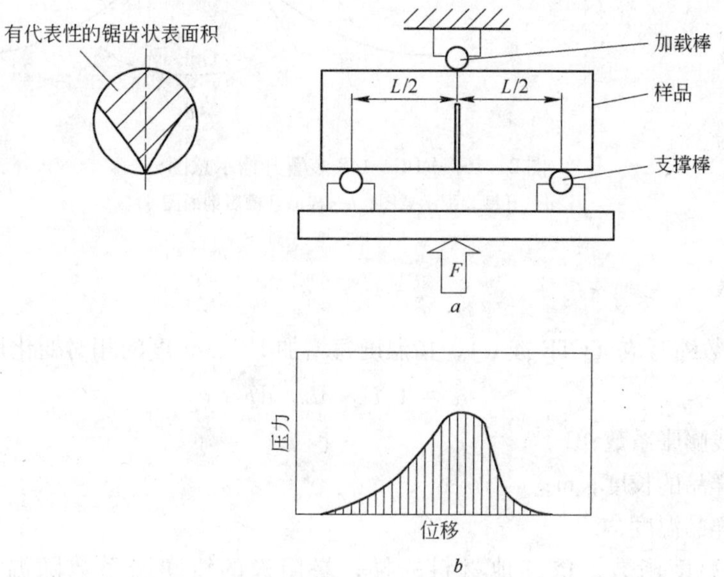

图 2－15 实验测定断裂能示意图

a—断裂能测定装置；b—压力-位移曲线

制备合适的样品对于断裂能测试非常重要，样品长 130 ± 0.1mm，直径 50 ± 0.1mm。采用金刚锯加工样品的开槽（轮直径 250mm，厚度 2.0mm）。本研究使用 RDC－148 装置加工开槽（R&D 炭素公司生产），未加工的部分角度为 61° ± 1°，如图 2－16所示。

断裂能范围在 200～300J/m^2 之间，数值较低的为挤压成型阳极的断裂能，数值较高的为振动成型的阳极的断裂能。高断裂能是比较理想的，因为这样的材料抗裂纹扩展性强，延展性好，是一种重要的抗热冲击的结构性能。

断裂能与抗折强度一样，其变化也符合韦伯分布。关于韦伯统计的详细解释及应用将在第 3 章“断裂机理”中进行讲解。

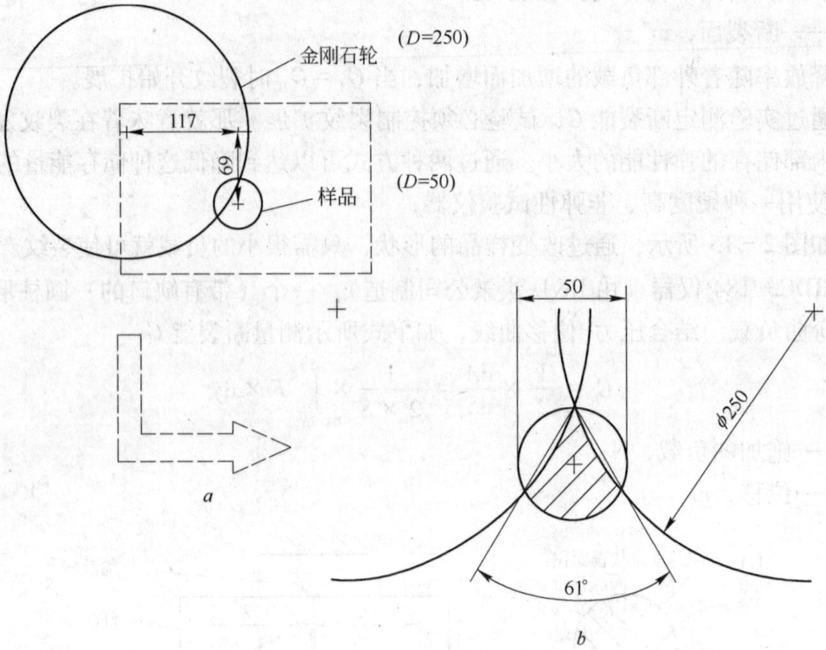

图 2-16　RDC-148 装置开槽示意图
a—开槽装配示意图；b—样品开槽后剖面图

2.3.8　热膨胀

线膨胀系数缩写成（CTE 或 α），指温度每增加 1℃，长度的相对变化量。

$$\alpha = 1/L \times \mathrm{d}L / \mathrm{d}T \tag{2-19}$$

式中　α——线膨胀系数，$℃^{-1}$；
L——样品的长度，m；
T——样品温度，℃。

α 是一个温度函数，像其他材料一样，炭阳极的线膨胀系数随温度的增加而增加。试验不是采用给定温度下的线膨胀系数，而是测定在一定范围内线膨胀系数的平均值：

$$\alpha_{T_1T_2} = (L_2 - L_1) / (T_2 - T_1) \times L_1 \tag{2-20}$$

利用 RDC-158（R&D 公司炭素制造）装置，可测出温度在 25～300℃之间的线膨胀系数。在 25℃时测出等轴样品的长度（50mm ± 0.2mm），然后放入仪器的炉管内，炉管的温度保持 300℃不变。样品的热膨胀可通过炉管内的计量表直接测量出，当样品的温度达到 300℃时，记录此时样品的长度，利用公式（2-20）就可计算 α。典型情况下，根据所使用的原料焦的线膨胀系数而定，阳极材料的线膨胀系数在 $(3.75 \sim 4.5) \times 10^{-6}℃^{-1}$ 之间，而焦的线膨胀系数与它的微观结构有关，即各向异性的程度。Hole *et al*（1992）将 *OTI* 与 *CTE* 联系在一起，并且指出 *OTI* 高会导致 *CTE* 低。用中孔轴比 0.35 的各向异性的针状焦生产阳极，它的 *CTE* 线膨胀系数为 3.5 ×

10^{-6}℃$^{-1}$，而用中孔轴比为0.50（也就是各向同性焦）的焦生产阳极，其线膨胀系数为5×10^{-6}℃$^{-1}$。

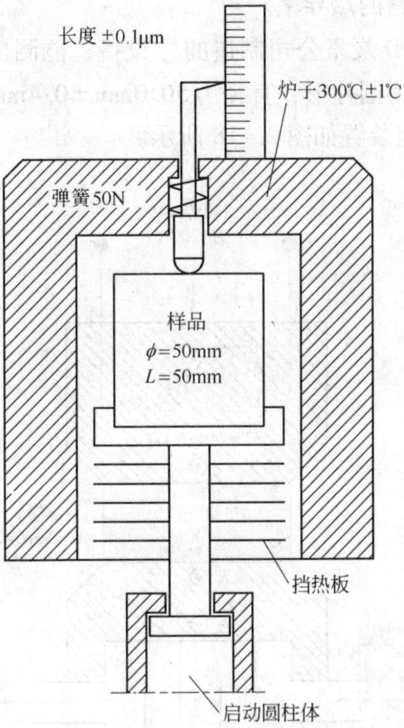

图 2－17 CTE 线膨胀系数测定试验装置图

就阳极的抗热震性来说，线膨胀系数低 α 是理想的。由于阳极产生热应力与线膨胀系数 α 成正比，因此理想的阳极线膨胀系数应该为 0，这意味着阳极内部温度梯度是独立变化的，从而不会产生热应力。

2.3.9 热导率

为了测定热导率，就要观察通过材料指定表面积的热量，热量的变化率 dq/dt 与温度梯度成正比，同时热导率 λ 作为比例系数：

$$\frac{dq}{dt}=-\lambda\times\frac{dT}{dL}\times\frac{L}{A} \tag{2-21}$$

式中 q——热量（能），J；

t——时间，s；

λ——热导率，W/（m·K）；

T——温度，K；

L——与表面 A 垂直的法线距离（指材料内），m；

A——样品的表面积，m^2。

当 dT/dL 变化量为负时，dq/dt 就为正向变化，即材料吸收能量。

通过对比法测定炭阳极样品的热导率。将样品放在两种处于热稳定状态的平面之间，一端作为热源电加热到60℃；另一端用水冷却系统冷却到20℃作为热量损失载体。热电偶放在冷却端用来测量由于热流而引起的温度增加量。这一温度与通过标准样品获得的校准曲线对比，就可计算出材料的热导率。

利用RDC－143（由R&D炭素公司制造的）设备，能测出温度20～60℃范围内炭阳极样品的热导率。样品形状为圆柱形，直径为50.0mm±0.4mm，高为20.0mm，两表面平行度为0.05mm。热导率测定装置如图2－18所示。

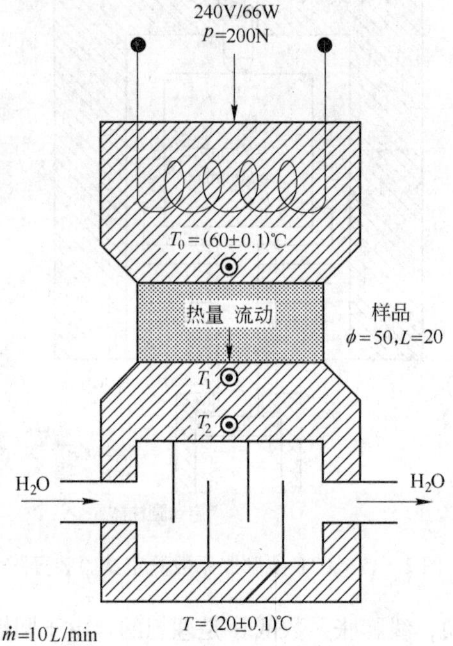

图2－18　热导率测定装置

上述测定方法是根据前述DIN51908标准为基础进行的。

典型情况下，炭阳极的热导率范围在3.0～4.5W/（m·K）之间。热导率主要是阳极密度和焙烧程度的函数。一般来说，密度高的阳极热导率好。就阳极的抗热冲击性而言，热导率越高越好。但另一方面，热导率高会增加阳极上部空气燃烧的危险。因此，根据阳极的性能必须找到一个折衷的方法。

2.3.10　用二甲苯法测量密度

用比重计测定密度时，炭素样品细磨粉中的开口气孔率被液体填充，例如二甲苯，它能穿透进入非常小的孔隙中。通过使用细磨粉焦，焦子各自的气孔壁破坏，大气孔与大部分的闭口气孔一起被排除掉。然而，剩余的闭口气孔和非常小的开孔不会被填满，只能大概计算密度值。实际上，在二甲苯当中的密度通常要比真密度低一些。

流体穿透焦粒开口气孔的能力依赖流体表面张力，润湿角和黏度，以及外部是否施加压力或真空有关。二甲苯可穿透气孔半径小到2nm，而水银100MPa（在1000bar的压力下）可达到大约10nm（Sorlie和Oye，1994）。

可用RDC－152（由瑞士R&D炭素公司制造）测定材料在二甲苯中的密度，测定方法标准为DIN51901。因此，颗粒小于0.063mm炭素磨粉在25℃，压力为10mbar的情况下加入二甲苯中，按下式就可计算样品在二甲苯中的密度：

$$\rho = (\rho_{Xyl} - \rho_{Air}) \times \frac{m}{m-(m_1-m_2)} + \rho_{Air} \qquad (2-22)$$

式中　ρ——阳极在二甲苯中的密度，kg/dm³；

ρ_{Xyl}——在25℃时二甲苯的密度，kg/dm³；

ρ_{Air}——在25℃时空气的密度（=0.0012kg/dm³），kg/dm³；

m——炭样品的质量，g；

m_1——装有二甲苯和样品的比重瓶的质量，g；

m_2——装有二甲苯的比重瓶的质量，g。

阳极在二甲苯中的密度依赖石油焦的真密度和阳极的焙烧温度（焙烧温度高可以生产出密度高的阳极）。密度典型值在2.050~2.080kg/dm³之间。

阳极在二甲苯中密度的变化（即标准偏差2σ）是焙烧炉料箱内温度分布一个极好的标志，密度偏差较大是由阳极局部过度焙烧或焙烧不够造成的，如图2-19所示，这种情况造成的影响已在第1章1.3.4（焙烧）中介绍过了。

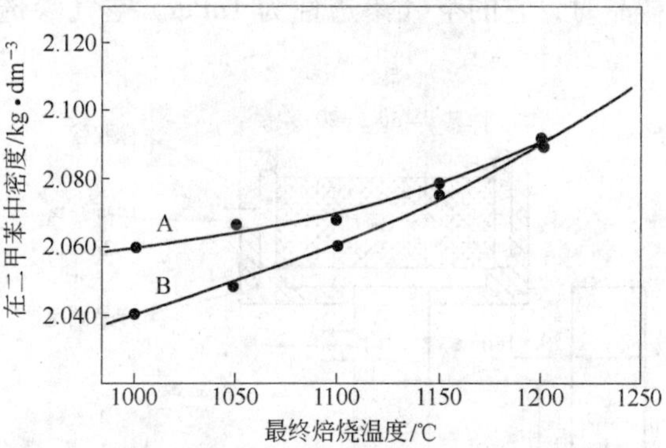

图2-19　最终焙烧温度对用高密度焦（A）和低密度焦（B）作为原料生产阳极在二甲苯中密度的影响

2.3.11　气体渗透性

生阳极不能被气体渗透，在焙烧过程中生阳极中大约有40%的黏结剂挥发掉，产生了开口气孔。大于50μm的开口气孔决定了阳极的气体渗透性。

具有透气性的阳极除了在表面发生反应外，还会发生内部反应，这些反应包括：

CO_2燃烧：　$C + CO_2 = 2CO$　在（960±20）℃的情况下

空气燃烧：　$C + O_2 = CO_2$　在450~800℃的情况下

材料的气体渗透性能对这两种燃烧反应都有很大的影响，气体渗透性高会增加阳极的燃烧性能，最终增加了阳极的过量消耗。

炭阳极的气体渗透性能可用RDC-145仪器来测定（瑞士R&D炭素公司制造）。它是通过测量一定体积的空气通过样品（直径为50mm±0.4mm，高20mm±0.1mm）所需要的时间来确定。

$$\frac{V}{t}=\frac{D\cdot A\cdot\Delta p}{h\cdot\eta} \tag{2-23}$$

式中 V——通过样品的空气体积，m^3；

t——一定体积的气体通过样品所需要的时间，s；

D——空气渗透性（$1Perm=10^{-4}m^2$），m^2；

A——样品的截面积（$A=19.64\times10^{-4}m^2$），m^2；

h——样品的高度（$h=20\times10^{-3}m$），m；

Δp——压力差，N/m^2；

θ——空气的黏性（$1P=10^{-1}Pa\cdot s$，在20℃时$\eta=1.808\times10^{-5}P$），$Pa\cdot s$。

RDC－145仪器测量方法是一种对比法测量方法，也就是说，首先用已知渗透性的标准样品对仪器进行校验，然后间接测出空气体积与压力差Δp之比。由于在常态条件下这一比值保持不变，那么通过测出气体通过的时间t，就可以测量出炭样品的空气渗透性。

为了方便，用nPm为单位表示空气渗透性的结果。1nPm等于10^{-9}Perm。当流速为$1cm^3/s$，黏度为1×10^{-4}的气体通过剖面积为$1cm^2$，高为1cm，受到的压力差为0.01MPa（0.1bar）的样品时，它的空气渗透性为1nPm。空气渗透性测定测试装置如图2－20所示。

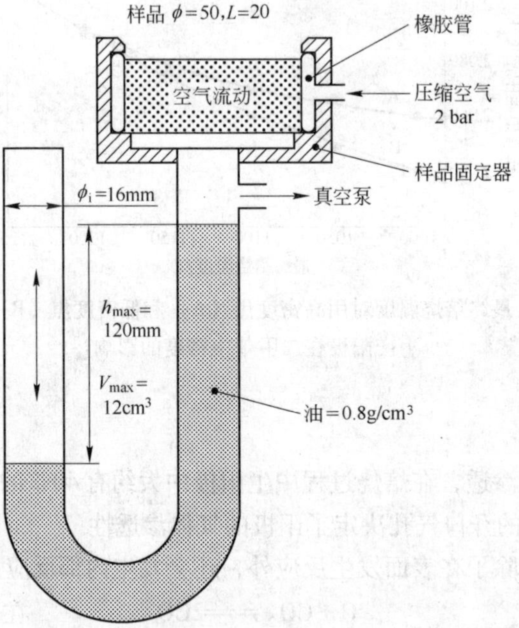

图2－20 空气渗透性测定测试装置图

（1bar＝0.1MPa）

优质阳极的空气渗透性值典型范围在0.5～1.5nPm之间，前面已经指出由于空气渗透性低都会降低阳极的CO_2反应性和空气反应性，所以空气渗透性较低的阳极是比较理想的。

2.3.12　二氧化碳反应性

碳与 CO_2 的反应属吸热反应，其反应方程式为：

$$CO_{2(g)} + C_{(s)} = 2CO_{(g)} \tag{2-24}$$

这种反应依靠反应温度的不同，通常称为布达反应或羧基反应。在温度大于900℃以上时，热力学反应易于生成的产物几乎全部为CO；当电解槽在950～960℃温度下运行时，通过电化学氧化反应，在阳极界面上生成 CO_2，并且 CO_2 通过这一反应腐蚀炭阳极。当产生的 CO_2 气体在阳极块的周围移动并从电解槽中释放出来时，这种反应可在阳极的界面或阳极表面硬壳浸入电解质部分发生。由于阳极消耗时不会产生铝，因而这种腐蚀会导致炭阳极过量消耗（正如在第1章1.4节“铝产品与阳极消耗中”介绍的）。当阳极受到电解槽流体静压力作用使气体进入内部时，这种影响变得更加严重了。如果黏结剂基体（焦粒和沥青紧密结合形成的混合物）被选择性腐蚀，如图1－18所示，那么这种反应会在气孔内产生而造成较大的颗粒脱落或成为炭渣。

因此 CO_2 反应性依赖于阳极的两种性能：

（1）阳极固有的 CO_2 反应性；

（2）阳极的空气渗透性。

采用RDC－146（由瑞士R&D炭素公司制造）仪器测量阳极材料的 CO_2 反应性。这样阳极炭芯样品（直径50mm±0.4mm，长度为60mm±0.1mm）在960℃温度下曝露于 CO_2 气体环境中反应7h，如图2－21所示。

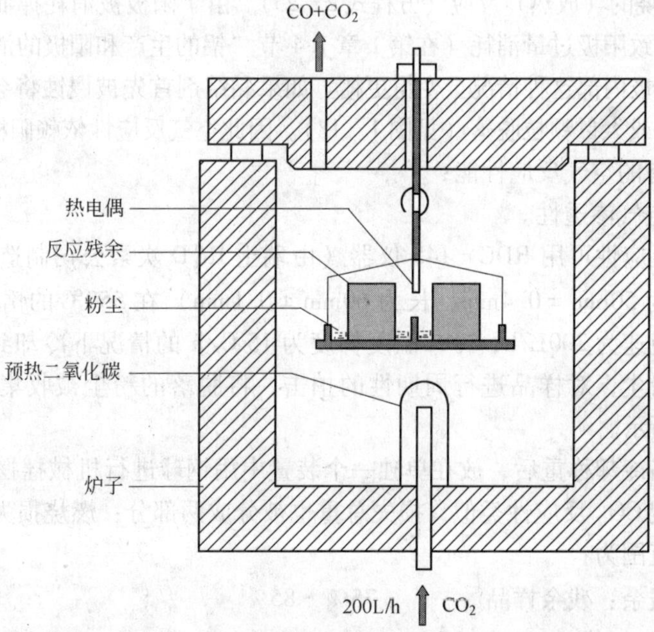

图2－21　阳极的 CO_2 反应性测定装置（摘自Hume，1993）

（温度为960℃，保温7h）

将反应后的样品冷却称重后，在单独一个装置（RDC－181滚动装置）中用钢球进行打磨20min以除去样品表面任何疏松的颗粒。样品质量损失总量（反应前样品重量与打磨后残留的部分质量差）可分成两个部分：燃烧损失和脱落损失，CO_2 反应性的典型范围为：

CO_2 反应残留：	残余样品	84% ~95%
CO_2 反应脱落：	机械作用下除去的颗粒	3% ~8%
CO_2 反应损失：	由 CO_2燃烧引起的损失	6% ~14%

CO_2反应脱落与损失之比成为黏结剂基体 CO_2 选择性燃烧的一种标志。

CO_2 的选择性燃烧受到焦子的 CO_2 反应性及钠的催化作用的严重影响。钠的含量受到残极的清洁程度及配方中残极的添加量决定的。有些焦比其他焦对于钠有害催化作用更敏感，这就是所谓的钠敏感性（Fischer 和 Perruchoud 1991）。

另外，阳极的最终焙烧温度对阳极的 CO_2 反应性有重要的影响。焙烧温度高会导致由于选择性燃烧性能得到提高从而增加了阳极反应残留值。

2.3.13　空气反应性

阳极在电解槽中使用时上表面暴露在空气中可能在温度低于着火点也会发生氧化反应。当阳极消耗并且上表面的温度增加时，空气燃烧会成为严重的问题。在使用后期由于阳极表面氧化铝覆盖较好，空气燃烧的速率可能又受到了限制。

根据阳极的温度及进入空气的可能性，在电解槽中阳极可能会发生下列两种反应：

$$C_{(s)} + O_{2(g)} = CO_{2(g)} \quad (2-25)$$

$$2C_{(s)} + O_{2(g)} = 2CO_{(g)} \quad (2-26)$$

温度低于700℃容易生成 CO_2。由于阳极表面温度在400 ~650℃之间变化，将会显著发生第一个引起空气燃烧的（放热）反应（方程式2-25）。由于阳极被消耗掉而没有生成任何金属，这种侵蚀会导致阳极过量消耗（在第1章1.4节“铝的生产和阳极的消耗”中说明了）。若是气体渗透到阳极内部这种情况会变得更糟。如果黏结剂首先被侵蚀将会导致在气孔内部发生反应造成脱尘或大量颗粒脱落（见图1-18）。因此空气反应性依赖阳极的两个特性：

（1）阳极固有的空气反应性能；

（2）阳极的空气渗透性。

阳极的空气反应性可用 RDC-145 仪器（由瑞士 R&D 炭素公司制造）来测定。这样炭芯样品（直径为 50mm ± 0.4mm，长为 60mm ± 0.1mm）在 550℃ 的惰性气体中进行预热，然后在空气流速为200L/h，冷却温度梯度为15℃/h 的情况下冷却到400℃。为了收集阳极冷却后的粉尘，对样品进行周期性的拍击，将脱落的粉尘被收集到炉下部的托盘内，如图2-22所示。

反应后的样品冷却称重后，放在单独一个装置中用钢球进行机械摇摆以便除去表面疏松的颗粒。与测定 CO_2 反应性类似，损失总重也被分成两部分：燃烧损失和脱落损失。空气反应性的典型范围为：

空气反应性残余：	残余样品	75% ~85%
空气反应性脱尘：	打磨下的颗粒	4% ~8%
空气反应性损失：	空气燃烧损失	10% ~20%

影响阳极空气反应性的因素主要有原料焦的反应性、残极以及阳极的焙烧温度（Fischer *et. al.*,1993）。

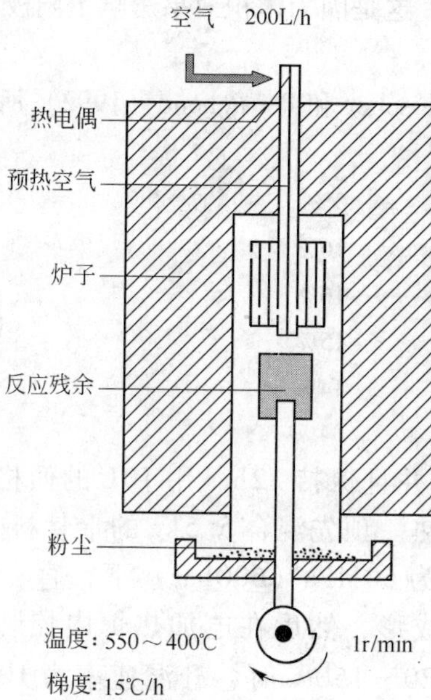

图 2－22 测定阳极空气反应性的装置

2.4 原料的质量对阳极性能的影响

2.4.1 用实验室生产的电极对焦子进行评估

当对一种新的原料进行评估时，先要确定这种焦要在什么地方用，怎样用。主要强调的重点是用最小成本的原料来得到质量最好的阳极，正如在第 1 章 1.4.6“经济方面的考虑”中提到的，只要阳极质量以及阳极的消耗没有受到负面影响，那么价格便宜的石油焦自然能够降低铝产品的成本。另一方面，通过采用质量更好的原料可以降低铝的生产成本，即使这种焦的价格稍高一些。所以，在阳极生产过程中常常将各种不同质量的煅后焦混合在一起使用，而所有的原料混合操作必须考虑焦子的相容性及均匀性（Keller *et al.*，1995）。

当混合不同焦子时，计算出混合物准确的化学组成是可能的。然而，对于阳极的理化性能而言，混合两种或两种以上的焦子不一定通过计算其平均重量就能达到期望的阳极性能（Hume，1993）。正如本书中所列举的，焦子的纯度，结构和气孔率是影响阳极的物理和化学性能的基本参数。这些参数常常彼此相互关联，因而对焦子进行混合，阳极性能有可能达到意想不到的效果。

实际上，在工厂中原料实际混合之前进行实验室试验是很普通的事情，实验室对焦子进行评估如下：

（1）测定焦子的类型对阳极性能的影响；

（2）测定焦子所需沥青的相对需求量；

（3）将给定原料的性能与世界范围内原料数据库进行对比。

必须指出的是，由此得到的阳极性能只是针对实验室规模的阳极来说的，即同大规格的阳极性能直接进行比较无效。这是因为体积效果影响了阳极的整个生产过程也因此影响了最终产品的性能。

实验室规模的阳极是根据 Fischer 和 Perruchoud（1992）所描述的过程生产出来的。干骨料按下列配方制备：

8～4mm	5%
4～2mm	16%
2～1mm	16%
1～0.5mm	15%
0.5～0.25mm	14%
粉子 3000 布林值	34%

将配好的料预热到200℃并且保持12h，用10L的西格玛搅刀式混捏机在高于沥青软化温度以上60℃进行预热。预先混合5.5kg的干骨料10min，加入颗粒状标准沥青，继续混捏6min，在压力为60MPa（600bar）下，直径为50mm，长度为100mm，预热好的圆柱形模具中挤压成形，然后在电加热炉内控制好升温曲线条件下进行焙烧。炉子的温度梯度为：从20～150℃时，升温速率为100℃/h；从150～300℃时，升高速率为10℃/h；从300℃升到最后焙烧温度1100℃，升温速率为50℃/h，并且保温20h。

按照前面章节介绍的步骤进行样品采样和测试。

图2－23、图2－24分别说明了测定实验室规模电极的物理性能及化学性能的范围。这种电极的原料是用世界普遍使用的石油焦进行制备的（Fischer *et. al.*，1995）。阳极的所有性能主要受焦子的纯度、结构和气孔率的影响。同时石油焦的这些特性也决定了黏结剂沥青的需求量。在第一个优化方案中是把焦子的空气渗透性及空气反应性降到最小得到优化的沥青含量，这样做通常会生产出具有优化好的燃烧特性阳极。然而，空气渗透性最低常常与阳极焙烧体积密度高有联系，因为阳极体积密度高增加弹性模量从而增加阳极的脆性。这将会对阳极的抗热冲击性产生负面影响，这一点将会在第5章“阳极裂缝”中进行介绍。

由于气孔率较低，比表面积小，所以密实程度好的焦子需要少量的沥青就能覆盖焦粒，当加入过量的沥青时，也就是说阳极中沥青过多。在这种情况下，阳极在焙烧过程中就会有更多的挥发分蒸发掉，在浇铸过程中将产生第5章“阳极裂纹”中介绍的不利的结果。另外，由于沥青过量在焙烧过程中挥发物穿透阳极并且形成内部压力，会激发裂纹产生，大量裂纹的产生会影响阳极的抗弯强度的变化，因此降低韦伯模量（见第3章3.6节“裂纹试验数据统计说明”）并最终使阳极的抗热冲击性变得恶化。实验室阳极的物理性能测定如图2－23所示。实验室阳极燃烧性能测定如图2－24所示。

相反，沥青加入量过少就会导致黏结剂基质中有空隙存在，这样就会增加焙烧制品的气孔率，最终提高了阳极的空气渗透性，这样会对阳极燃烧性能造成负面影响。另外，这些空隙的出现会增加阳极抗弯强度的变化量，造成与上述情况类似的后果。

除了气孔率外，焦子的纯度也会影响阳极的 CO_2 反应性。阳极含有大量的钠主要与焦子及残极的清洁程度有关。我们知道钠对 CO_2 反应具有催化作用（Hume *et. al.*，

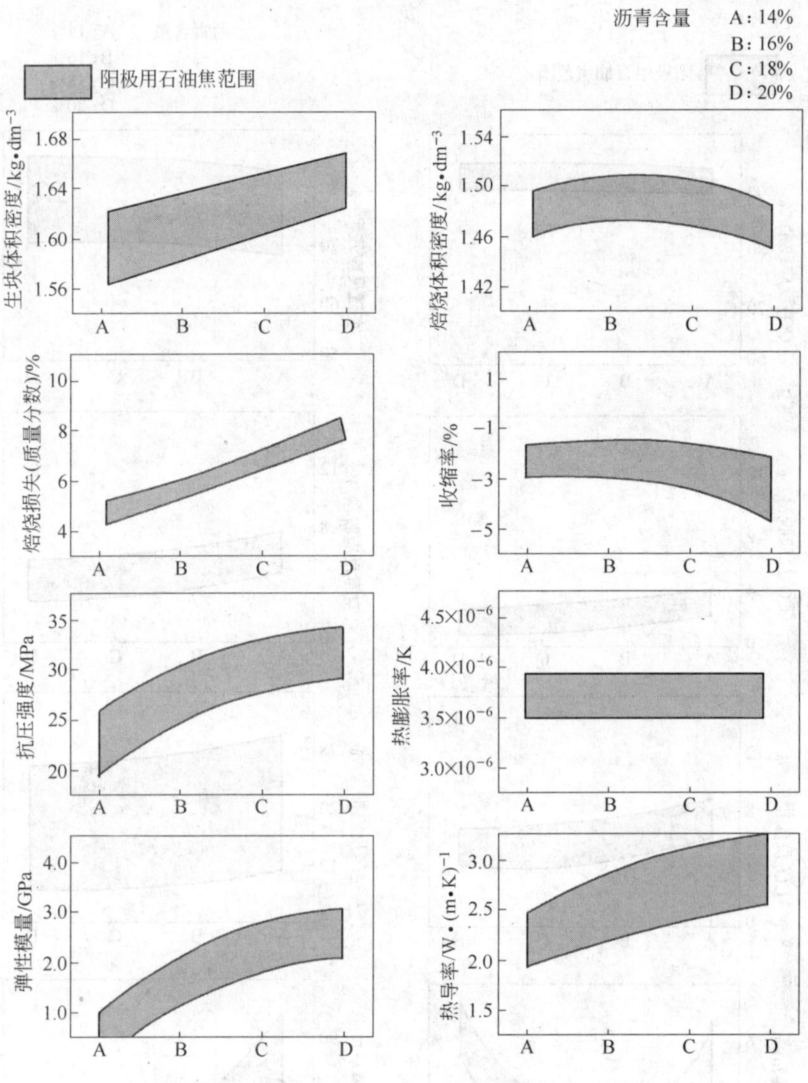

图 2-23　实验室阳极的物理性能测定

1993），所谓钠的“敏感性”与焦子的性能有关。Hume 指出，焦子含有的硫对钠的催化作用起到了抑制作用，也就是说硫的存在降低了钠的催化作用，因而改善了 CO_2 反应残余。

对空气反应性来说影响最主要的杂质是钠、钒和硫，硫的存在同样会抑制钠对空气反应性的催化作用。钒的含量越高尤其对结晶性低（即在二甲苯中的密度低）和气孔率高（即体积密度低）的焦子来说危害很大。

就与阳极开裂有关的性能来讲，各向异性的焦子要优于各向同性的焦子，这主要是由于用各向异性焦子生产的阳极线膨胀系数低和延展性高，各向异性焦生产的阳极更易产生其增韧机理（在第 3 章 3.4 节中讨论）。

当要混合两种或两种以上的焦子时，一定要考虑到它们的兼容性和均匀性。阳极的物理和化学性能间的相互关系非常复杂。通常，进行原料混合优化主要关注生产出来的阳极燃烧性能，但关于阳极开裂性能方面在文献资料中又非常少，有价值的信息对这样的混合

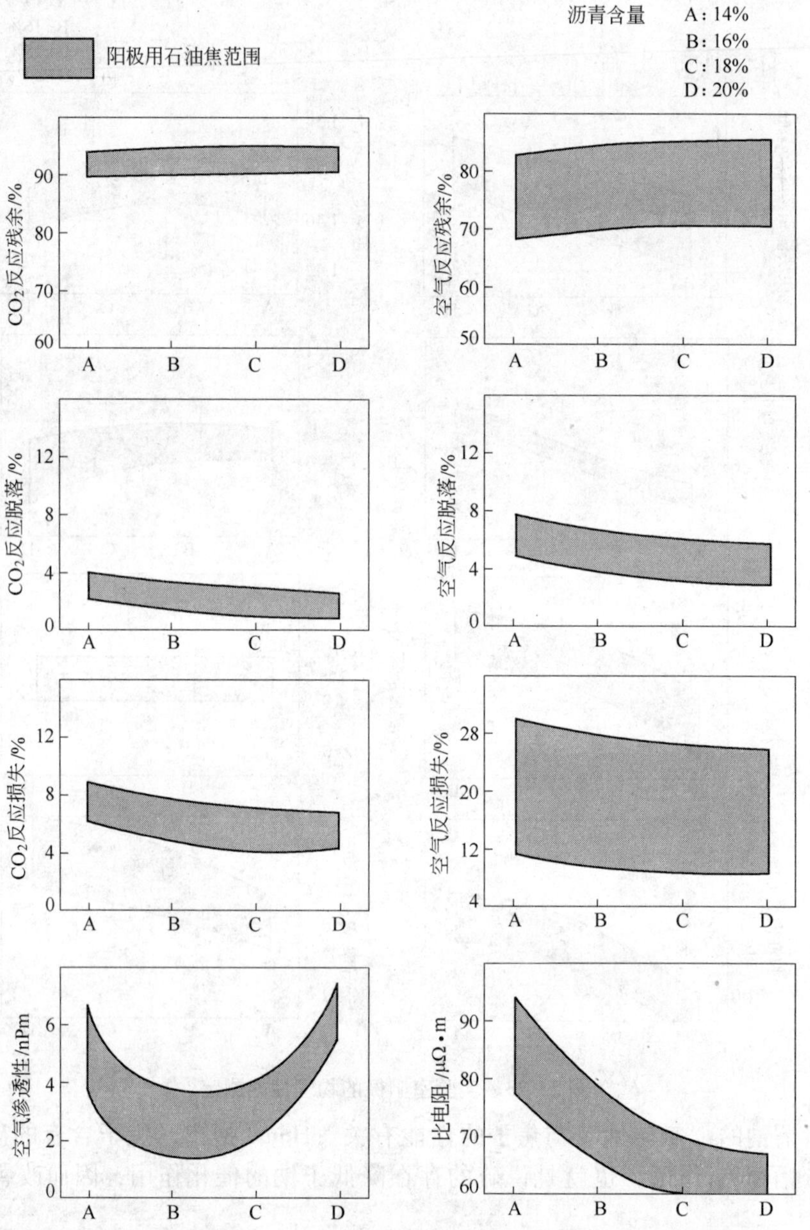

图 2-24　实验室阳极燃烧性能测定

优化试验进行过说明。

2.4.2　混合优化实验

按照上述步骤，为了研究混合两种不同质量的煅后焦对阳极裂纹性能的影响，进行了实验室规模的测试。

实践中两种焦中的任何一种都不能单独使用作为原料制造阳极：因为这两种焦子燃烧性能太差，混合的煅后针状焦和石油焦的性能见表 2-1，而且针状焦价格太贵。

在本调查研究中，主要强调的问题是：为了优化与阳极裂纹相关的性能，是否应在骨料或黏结剂基体中加入一些价格昂贵的针状焦。这里没有对两种焦子的化学兼容性做过进一步研究，即我们假定任意混合这两种焦子对阳极燃烧性能没有负面影响。

表 2-1 混合的煅后针状焦和石油焦的性能

性能		针状焦	燃料焦
水分质量分数/%		0.1	0.1
油分质量分数/%		0.01	0.01
焦粒质量分数/%	>8mm	8.0	0.0
	8~4mm	27.0	7.0
	4~2mm	15.0	39.0
	2~1mm	13.0	32.0
	1~0.5mm	12.0	11.0
	0.5~0.25mm	11.0	6.0
	<0.25mm	14.0	5.0
堆积密度/$kg \cdot dm^{-3}$ (2~1mm)		0.877	1.111
粒度稳定性/% (8~4mm)		85	—
二甲苯密度/$kg \cdot dm^{-3}$		2.068	2.050
比电阻/$\mu\Omega \cdot m$		458	614
CO_2 反应缺损（质量分数）/% (1000℃)		23.4	4.4
空气反应性/$\% \cdot min^{-1}$ (525℃)		0.100	0.880
晶体尺寸/nm		2.34	2.69
灰分质量分数/%		0.24	0.52
微量元素质量分数/%	S	0.22	3.89
	V	2×10^{-4}	1932×10^{-4}
	Si	1×10^{-4}	69×10^{-4}
	Fe	501×10^{-4}	172×10^{-4}
	Al	58×10^{-4}	42×10^{-4}
	Na	58×10^{-4}	120×10^{-4}

不同配方的干骨料的组成见表 2-2。为了方便，沥青的加入量保持 15% 不变。因此，有些配方中的沥青含量可能稍高，而其他配方中沥青的含量可能会相对少一些。但是，假定这样对沥青的影响可以忽略。表 2-3~表 2-5 及图 2-25~图 2-27 说明了选择的混合比及混合物的物理性能。

由于各向同性石油焦的体积密度较高，因此它的比电阻 ρ_{el} 受到显著影响（见表 2-2 和图 2-25）。

完全用燃料焦生产的电极其比电阻最小（也就是 $60\mu\Omega \cdot m$），而针状焦的加入会导致比电阻的增加，非常有意思的是针状焦加入到黏结剂基体中比加入到填充料中导致的比电阻ρ_{el}要稍大些。

表 2-2 不同配方的干骨料的组成

（所有配方中沥青的加入量均为 15%）

粒度组成/mm（布林值）	针状焦在填充料/黏结剂基体中的含量/%							
	66/33	0/0	66/0	44/22	33/33	0/33	22/11	33/0
8 ~ 4	5	0	5	3	3	0	2	3
4 ~ 2	16	0	16	11	8	0	5	8
2 ~ 1	16	0	16	11	8	0	5	8
1 ~ 0.5	16	0	16	11	8	0	5	7
0.5 ~ 0.25	14	0	14	8	6	0	5	7
3000 布林值	33	0	0	22	33	33	11	0

表 2-3 针状焦在填充料及黏结剂中的含量对比电阻的影响

针状焦在骨料当中的含量/%	比电阻/μΩ · m			
	针状焦在黏结剂基体中的含量/%			
	0	11	22	33
0	60			64
22		64		
33	62			80
44			81	
66	75			91

表 2-4 骨料及黏结剂基体中针状焦的含量对杨氏模量的影响

针状焦在骨料中的含量/%	杨氏模量/GPa			
	针状焦在黏结剂基体中的含量/%			
	0	11	22	33
0	4.2			3.0
22		3.1		
33	3.3			1.7
44			1.7	
66	2.1			1.2

表 2-5 针状焦在骨料及在黏结剂中的含量对线膨胀系数的影响

针状焦在骨料当中的含量/%	线膨胀系数/K^{-1}			
	针状焦在黏结剂当中的含量/%			
	0	11	22	33
0	6.13×10^{-6}			5.18×10^{-6}
22		4.71×10^{-6}		
33	4.98×10^{-6}			3.83×10^{-6}
44			3.88×10^{-6}	
66	4.28×10^{-6}			3.63×10^{-6}

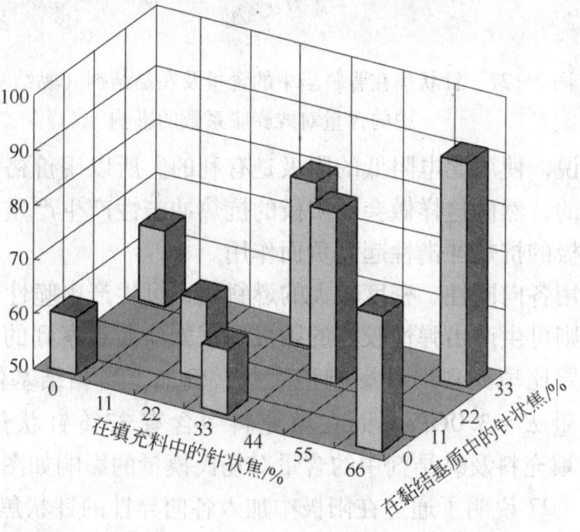

图 2-25 比电阻作为针状焦在骨料和黏结基质的函数

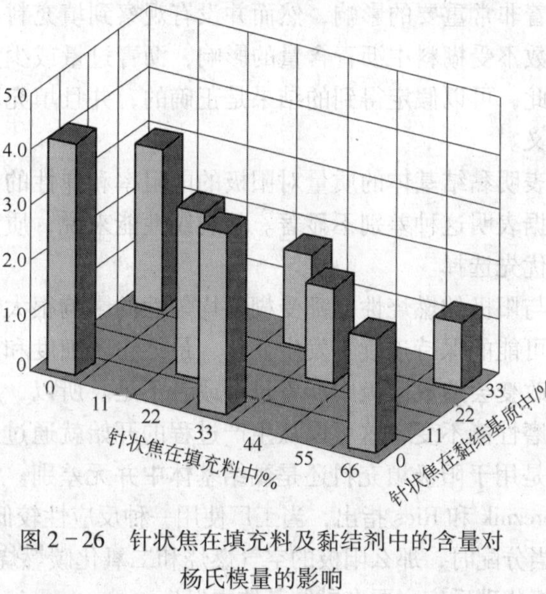

图 2-26 针状焦在填充料及黏结剂中的含量对杨氏模量的影响

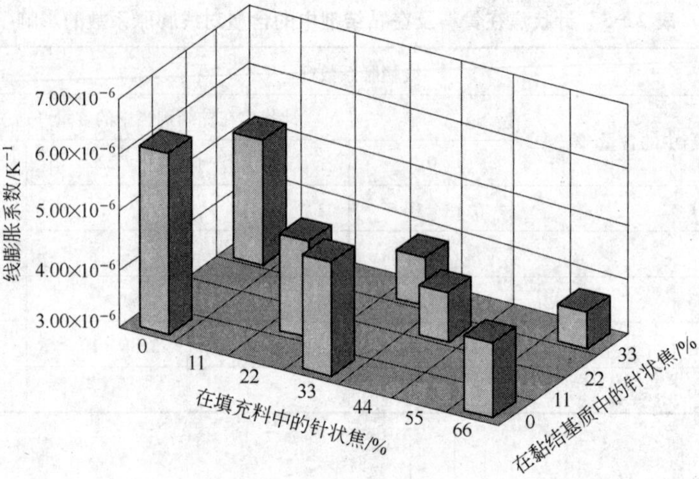

图 2-27 针状焦在骨料当中的含量及在黏结剂（黏结基数）中的含量对线膨胀系数的影响

就电解本身来说，使用比电阻低的阳极是有利的。所以用价格便宜的石油焦作为生产阳极的原料是适合的，然而这样做会对阳极的抗热冲击性产生严重的问题，因为弹性模量和线膨胀系数对阳极的抗热冲击性起到负面作用。

一般来说，使用各向同性、密度较大的燃料焦，可生产出脆性阳极（即杨氏模量高），而各向异性针状焦则可生产出弹性较好的阳极。正如前面观察到的，黏结基体的质量对阳极最终质量的影响要比填充料对其影响稍大些。例如，当黏结基体中针状焦的含量达到33%时，其杨氏模量 $E=3.0\text{GPa}$，而在填充料中含有 33% 针状焦时，其杨氏模量 $E=3.3\text{GPa}$。针状焦在填充料及黏结剂中的含量对杨氏模量的影响如图 2-26 所示。

表 2-5 和图 2-27 说明了通过在阳极中加入各向异性的针状焦是如何使线膨胀系数降低的。假定整个产品的热膨胀是由较大的颗粒膨胀引起的，那么有人可能会认为填充料的质量对线膨胀系数有着非常重要的影响，然而并没有观察到填充料与黏结基体之间有什么区别。由于线膨胀系数不受糊料中沥青含量的影响，沥青过量或少量在测试过程中并没有影响线膨胀系数。因此，可以假定得到的结果是正确的，并且填充料和黏结剂的质量对热膨胀有同等重要的意义。

实验室规模测试表明黏结基体的质量对阳极的电阻率和弹性的影响要比填充料对其影响大些，但是统计数据表明这种差别不显著。就裂纹性能来说，质量不同的两种焦如何混合，并没有理论上的优先选择。

实践上阳极开裂与阳极的燃烧性能都受糊料均匀性的影响很大，特别是在球磨机生产线生产粉子时需要尽可能的保持连续不发生变化，最终粉子细度和质量决定了需要沥青的最佳含量，发生任何改变会造成阳极中沥青过量或者不足。所以，应该强调保持加入球磨机中的研磨材料的研磨性能不变，这可以从生产过程的开始就通过使焦子进行混合来达到目的，即与原料最终是用于阳极填充料还是黏结基体中并无差别。

然而，Tonti，Zabreznik 和 Ries 指出，当工厂使用一种反应性较低的焦子作为粉料而不是将其在骨料中进行适当分配时，那么阳极的空气燃烧和二氧化碳燃烧性能可能大大降低，这是因为空气反应和二氧化碳反应主要在黏结基体中发生。

当回收利用残极时，需要考虑类似情况。由于残极表面覆盖一层冷凝的含钠的电解质，因而对残极杂质的彻底清除是最重要的，否则过量的钠就会被带入阳极中，正如本章前面介绍的，这样会严重影响阳极反应性能。特别注意回收的残极仅能作为粗颗粒加入到配方中。如图2-28所示，由于粉子表面积比较大，钠对阳极的反应性催化作用非常显著。因此残极不能与生产球磨粉一样尽可能地破碎。

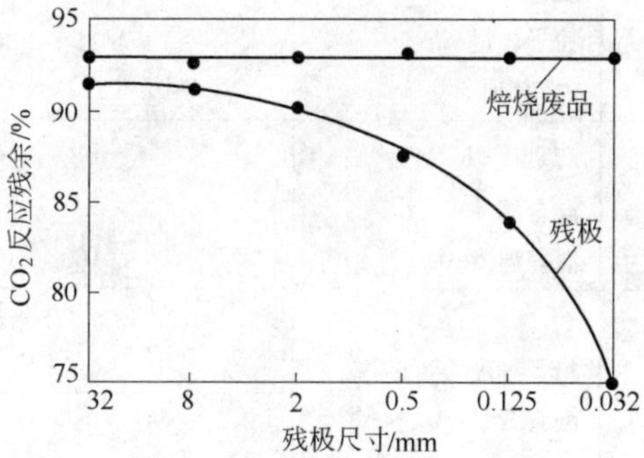

图2-28 Na含量不变时，残极粒度尺寸对二氧化碳反应性的影响

2.5 阳极制造过程参数对阳极性能的影响

2.5.1 阳极制造过程的优化

前一章已经介绍过，原料的质量是如何影响阳极质量的。但是高质量的原料不一定就能生产出优质的阳极，在使用给定原料的基础上，要想生产出高质量的阳极需要优化生产过程中的几个工序。由于生产过程参数对阳极质量影响彼此相互关联，所以在阳极车间对阳极进行优化工作是非常复杂的，必须非常系统地来完成这项工作。

在过去，通常经过试验和改变错误方案来调整获得适宜的配方、预热、混捏、成形和焙烧条件，对大量生产阳极进行测试既费时又费力。而且在电解槽中产生废品和劣质阳极的几率非常高，正如在第1章1.4.6“成本考虑”一节中所述，反复试验以及造成的阳极质量低其成本难以承受。

在现代化的铝厂中，采用半工业化试验阳极对阳极制造过程中的变量进行优化。所以，从生产的糊料中采集样品挤压成约5kg的圆柱形试样，然后在温度控制非常好的条件下放入半工业化试验室焙烧炉中进行焙烧。每次改变其中一个参数，而其他参数保持不变，用两个步骤来进行所谓的动态过程优化是可能的：

（1）检测生糊料生产，即从干料制备到糊料混捏这一阶段；

（2）对焙烧条件对阳极性能的影响进行量化。

在决定检测最佳生产糊料质量参数后，就可以对阳极成型条件进行优化了。

下面以动态过程优化为代表说明了阳极质量是如何受生产过程参数影响的。

对半工业化试验室阳极来讲，每3min在混捏机出口取样一次，糊料温度控制在150～160℃，然后在预热好的模具内将糊料挤压成型，挤压压力为50MPa（500bar），试样直径为146mm，高为200mm。然后将阳极放入电加热炉内进行焙烧，室温至800℃间升温梯度为30℃/h，从800℃到最终焙烧温度1100℃，升温梯度为50℃/h，最后在温度为1100℃要保温20h。生料优化过程指标见表2－6。

表2－6　生料优化过程指标

序　号	目标对象	参　数	标 准 条 件
1	配　方	沥青/% 粉子含量/% （布林值3000）	14　15　16①　17 24　30①　36　42
2	混　捏	产量/t·h⁻¹ 混合能/kW·h⁻¹ 混捏温度/℃	14　16①　18　20 5　7①　9　11 160　170①　180　190
3	黏结基体	粉子细度 沥青含量/%	布林值4000 14　15　16　17
4	黏结基体	粉子细度 沥青含量/%	布林值2000 13　14　15　16

①粉子细度具有标准布林值3000。

由于试验是在生产过程稳定的条件下进行的，所以要对测试的每个过程变量选择数量相对小的6个半工业实验阳极进行焙烧。为了得到18个焙烧后的炭芯样品，采用高精度的钻样机从每个实验性阳极当中钻取3个直径为50mm的炭芯样品。按照第1章介绍实际检测步骤进行分析。

在前述的动态优化过程中，需要对原料进行评价。当制定加工参数时，为了考虑给定原料的独特优势以及缺点，这样做非常必要。表2－6说明了在工厂中完成的优化试验程序，此处试验使用的是常规石油焦和标准煤沥青（煤沥青的软化温度为114℃）。

试验首要的任务是要测定生糊料的均匀性，也就是说，从各粒级料制备到混捏每个阶段都需要在稳定条件下进行。在8h内，挤压、焙烧以及分析120块半工业实验性阳极。表2－7说明了阳极一些关键性能平均值和标准偏差。在这一试验过程中对半工业试验室阳极进行观察，其变化结果非常好，这就证明生阳极厂所有生产工序是在控制好的条件下平稳运行的。正如图2-29说明的，在观察到生产发生重大变化时，考虑到半工业实验阳极的性能对每个生产过程参数变化的敏感性，我们必须对其进行详细的分析，查找变化产生的原因，

表2－7　半工业试验室阳极性能一致性说明生阳极厂所有的生产工艺参数控制得很好

性　能	平均值	2σ	性　能	平均值	2σ
生块体积密度/kg·dm⁻³	1.63	0.01	弹性模量/GPa	4.0	0.6
焙烧损失/%	6.1	0.1	空气渗透性/nPm	1.3	0.4
焙烧后阳极体积密度/kg·dm⁻³	1.54	0.1	CO_2反应残余/%	93	2
比电阻/μΩ·m	58	2	空气反应残余/%	90	3
抗弯强度/MPa	8.2	2			

2.5.2 阳极配方和加工参数的影响

阳极配方参数即沥青含量、粉子含量和粉子细度等显著影响阳极在电解槽中的性能。图2-29说明了随着沥青加入量的增加，生阳极密度增大，抗折强度、断裂能和弹性模量也相应增加，然而沥青过量会导致阳极焙烧损失增加，阳极收缩率减少，这样就会降低焙烧阳极的体积密度，并因此恶化阳极的空气渗透性，对阳极的燃烧性能产生负面影响。

沥青含量从16%降到15.5%（轻微降低），对空气反应性有利，但是也应该注意到与此同时阳极的抗折强度也可能降低到临界水平。

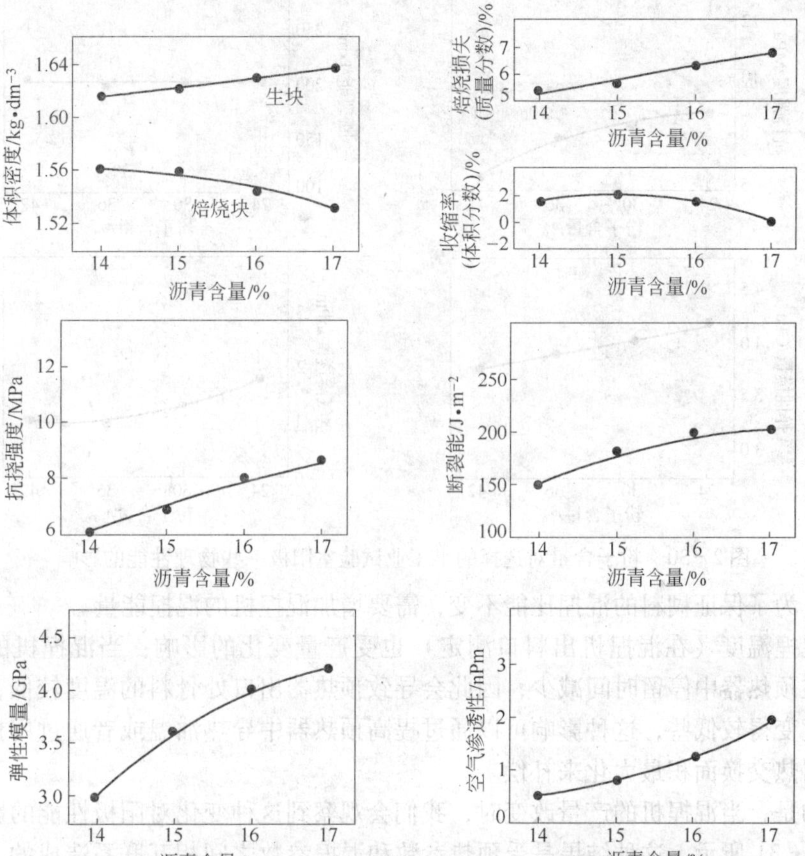

图2-29 沥青含量对阳极一些物理性能的影响

粉子含量从30%增加到36%是非常有利的，因为这样不会在很大程度上改变阳极结构性能，而能使空气渗透性得到改善。但是，如果配方中沥青的加入量不进行调整（根据颗粒越细其比表面积越大来讲），粉子含量进一步增加就会导致生产出的阳极沥青含量增加，如图2-30所示。

为了选择生产阳极的最佳配方，还需要考虑一些生产过程参数，例如预热和混捏能力等，它们对生产出的阳极性能的影响可用图2-31~图2-33进行说明。

混捏机出料口的位置对混捏机的扭矩有间接的影响，并因此对糊料混捏比能产生间接的影响。当增加产量时（也就是说当混捏机出料口敞开时），糊料通过出口受到的阻力降

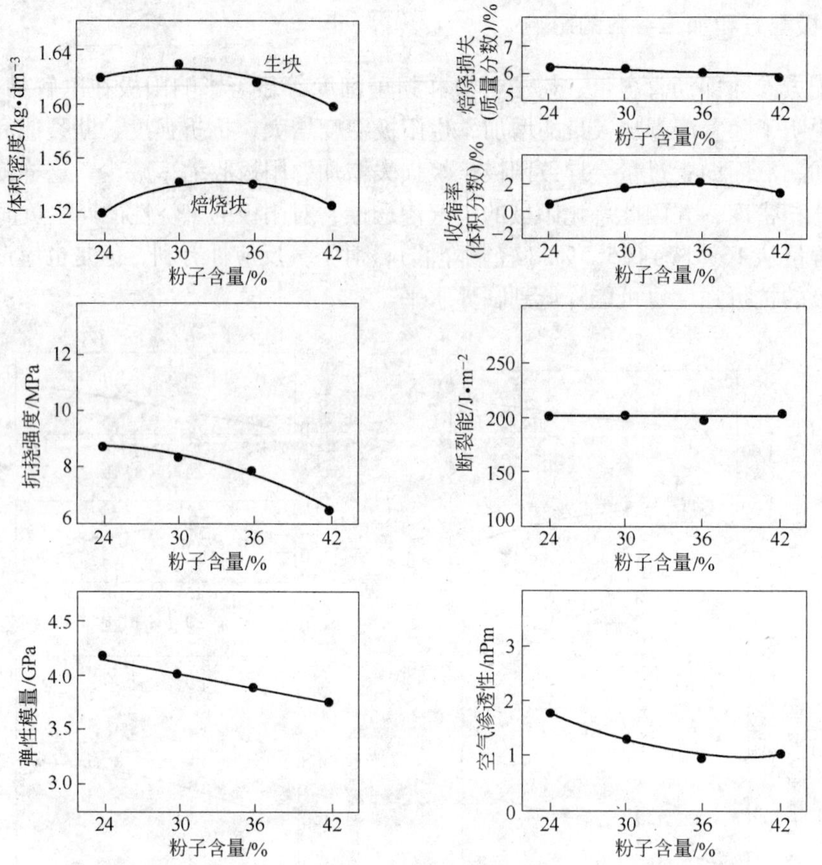

图 2-30 粉子含量对选择的半工业试验室阳极一些物理性能的影响

低。因此，为了保证糊料的混捏比能不变，需要增加混捏机的混捏能量。

糊料混捏温度（在混捏机出料口测定）也受产量变化的影响：当混捏机的产量增加时，骨料在预热器中停留时间减少，因此会导致预热器出口处骨料的温度较低，从而导致混捏的温度变得较低些，这种影响可以通过提高预热器中导热油温或者通过用预热器最佳转速使骨料热交换面积最大化来补偿。

有趣的是，当混捏机的产量改变时，我们会观察到这种变化对阳极性能的影响相对较小，如图 2-31 所示。这种结果是受预热参数和混捏参数之间相互联系造成的。为了在每次实际试验只改变一个参数的情况下使测试条件保持不变，因此必须调整混捏机的扭矩（正如上所述，否则混捏比能就会发生改变），同时也要调整预热温度。所以如果混捏产量发生了变化，而没有对其他参数做出相应的调整，那么阳极性能就会发生显著变化。通常产量从 16t/h 增加到 18t/h 将会导致阳极性能发生恶化。但是这种影响可以通过将混捏比能从 7kW · h/t 增加到 9kW · h/t 进行调整，也可将混捏温度从 170℃提高到 175℃来补偿。

上述提到的工艺调整将会增加提高混捏机的产量，而且同时阳极性能得到优化。当然，为了确保生产加工条件不变，必须仔细检查糊料预热和混捏组成的实际接受能力。

混捏比能对半工业化实验室阳极的物理性能的影响如图 2-32 所示。

在观察混捏能量对阳极性能的特定影响时，这些性能一般都会随混捏能量的增加而改善。但是混捏能量如果太大，糊料被破碎就会给阳极带来有害的影响。因此，增加混捏机

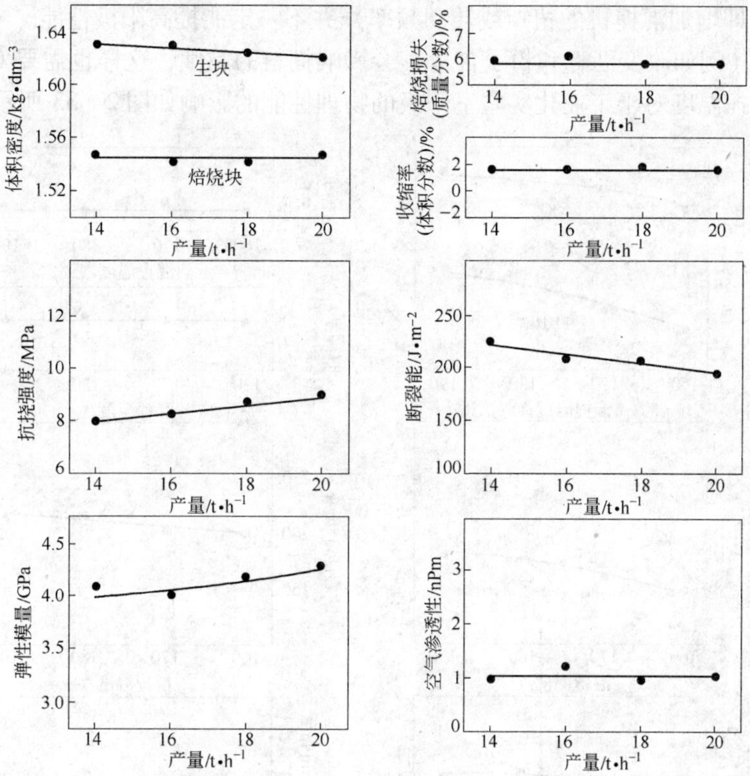

图 2-31　混捏机产量对半工业实验室阳极一些物理性能的影响

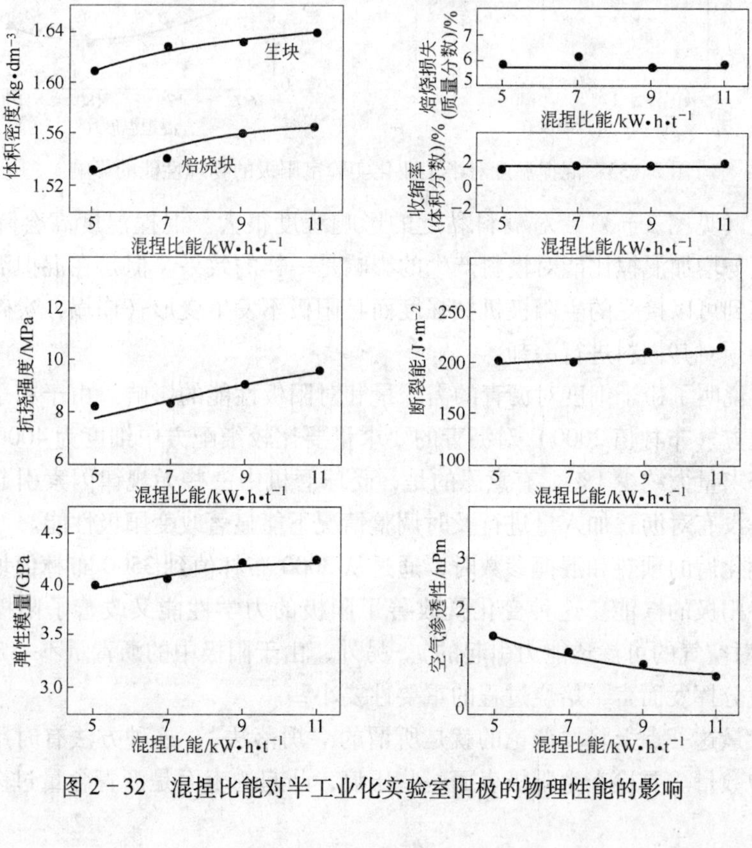

图 2-32　混捏比能对半工业化实验室阳极的物理性能的影响

的混捏比能（即增加混捏机的扭矩或转动频率）并不一定能提高阳极性能。

改变配方（例如改变沥青和粉子含量）会影响糊料的黏性，这样也需要对混捏机进行一些调整。混捏温度对半工业化实验室阳极的物理性能的影响如图2－33所示。

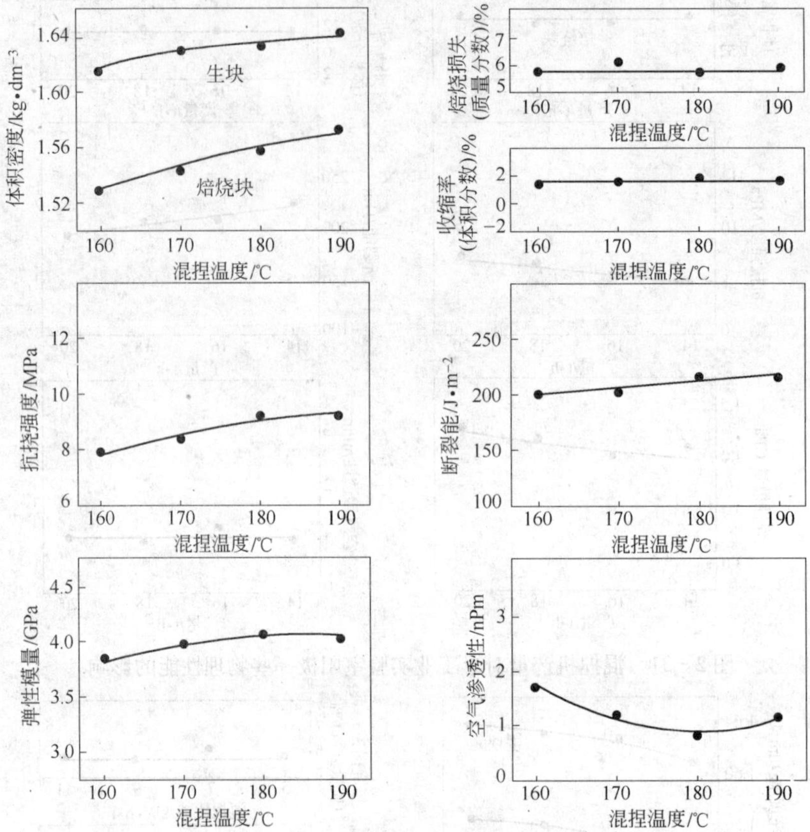

图2－33　混捏温度对半工业化实验室阳极的物理性能的影响

混捏温度（见图2－33）对糊料黏度的影响程度很大。混捏温度高会降低糊料的黏性，也会产生与增加混捏比能对糊料产生的影响是一样的效果。但是在混捏温度太高的情况下，为了得到可以接受的生阳极机械强度而且阳极不发生变形（崩塌，炭碗发生变形），在成型之前必须对其糊料进行冷却。

图2－34说明了粉子细度对沥青的需求量和对阳极性能的影响。由于粉子比表面积的影响，较粗配方（布林值2000）对沥青的要求量要比较细配方中细度为4000布林值的粉子对沥青的需求量大约少1%，有意思的是，受球磨机中一些无规律因素引起粉子细度的变化，尤其是没有对沥青加入量进行及时调整情况下能显著改变阳极性能。

当考虑优化后的预热和混捏参数时，通过从3000布林值到3500布林值增大粉子细度可进一步改善阳极的性能。这种变化既改善了阳极的力学性能又改善了阳极的燃烧性能（后者是由于对空气的可渗透能力引起的）。另外，由于阳极中的沥青量不一定过量，因此就沥青的挥发分挥发而言，焙烧过程的重要性要小些。

在沥青含量这一点上将要谈论的就是所谓的“坍落法”，这种方法有时用于控制配方中加入沥青的数量。要检查生阳极表面一些压痕，凸起的表面是沥青含量过多的表现。然

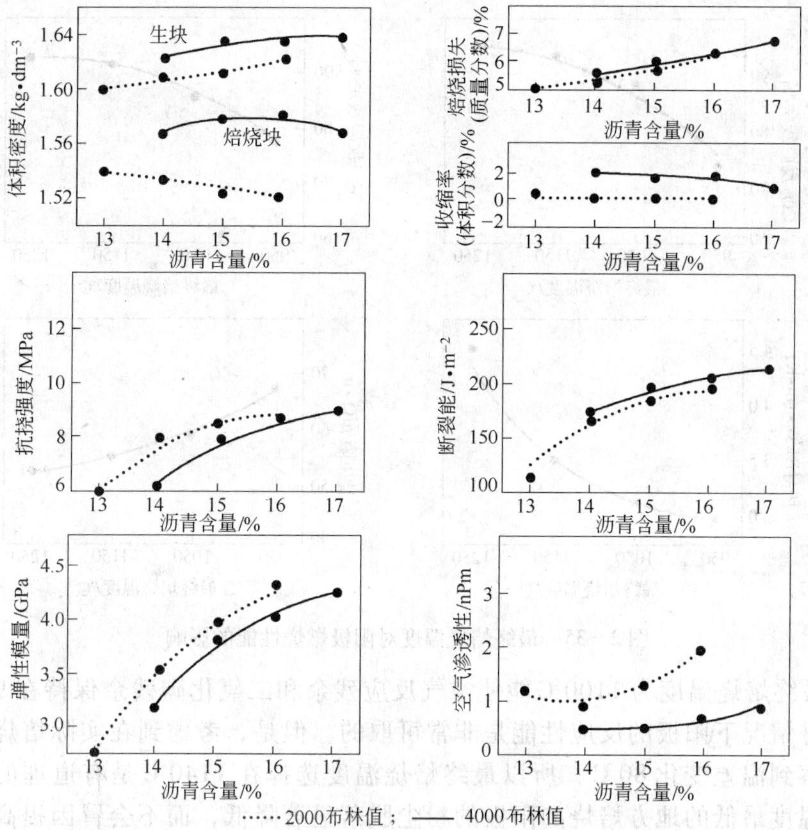

图2-34 实验室中粉子细度对阳极物理性能的影响

后，为了得到表面平整的阳极，要进行调整改变沥青的加入量，即减少沥青的加入量。反之，相应情况下对表面凹陷的阳极增加沥青的含量。

以上概括说明了，通过沥青的加入量来补偿粉子细度的变化，将会导致阳极物理性能的严重波动，对阳极的裂纹性能产生极大的负面影响，这些将会在第3章中进行介绍。另外，采用坍落法，常会使得阳极中的沥青加入量稍高一些。这也正如前面探讨过的，沥青加入量多会导致阳极在焙烧过程中沥青烟挥发，在阳极内部形成内应力、形成微裂纹，造成阳极焙烧问题。

当在工厂中应用坍落法时，糊料通过混捏机或冷却装置（这种设备是技术上可行的）后，用真空振动成型尺寸较大的阳极时，会导致出现严重问题。因为在这种情况下，由于沥青稍微过量观察不到阳极坍落，从而造成阳极中沥青严重过量。

所以，不推荐坍落法作为控制阳极质量的方法。而是应通过确保粉尘细度的变化最小及其他相关加工工序波动最小，来保证阳极中沥青的加入量不变。

2.5.3 阳极最终焙烧温度的影响

为了调查研究最终焙烧温度对阳极性能的影响，我们在不同的最终焙烧温度下制造半工业试验阳极来检测其均一性的影响。因为阳极最终焙烧温度主要影响阳极的燃烧性能，所以用图2-35来说明与其相关的性能。

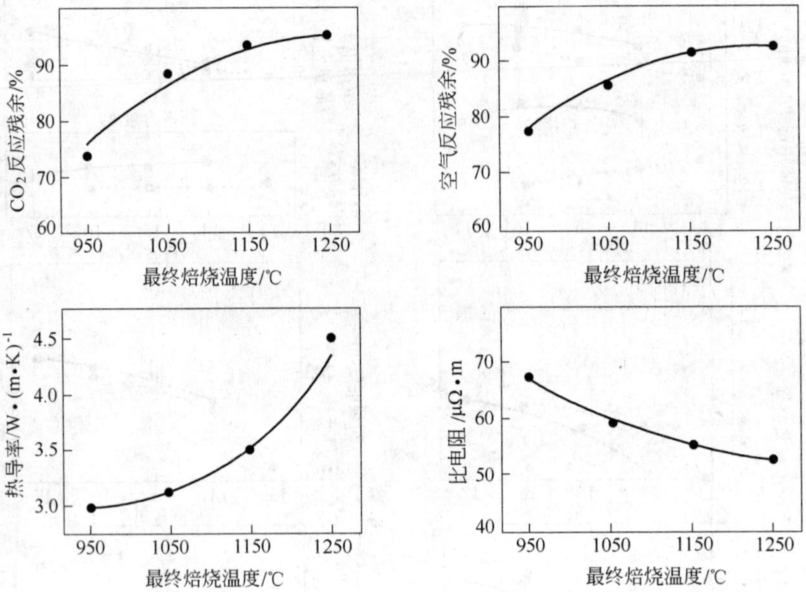

图 2－35　最终焙烧温度对阳极燃烧性能的影响

由于最终焙烧温度为1100℃能使空气反应残余和二氧化碳残余保持在90%以上，所以在这种情况下阳极的反应性能是非常可取的。但是，考虑到在实际焙烧炉典型情况下可观察到温差变化80℃，所以最终焙烧温度选择在1140℃是有道理的。这可使得在炉内温度最低的地方焙烧的阳极的粉尘脱落显著降低，而不会冒因提高热传导引起阳极空气燃烧腐蚀提高的危险。焙烧温度进一步高于1140℃也是不可取的，因为这样焙烧出的阳极比电阻没有实质性的提高，即阳极在电解槽中电耗不会降低。

2.5.4　优化参数的选择

表2－8总结了选择优化前后的配方和生产过程参数，这一实例说明了工厂的生产能力与生产出的阳极产量之间的相互关系，并最终决定了生产出来的铝的成本。优化后的生产阳极表现出质量高、均一等特点，见表2－9。

我们从中可以看到：通过改变阳极配方和生产过程参数，改善阳极性能的可能性是存在的。所以，考虑生产成本因素，只要在球磨车间进行适当调整，也就可以适当使用质量稍差的原料。

表2－8　优化前后的配方及生产过程参数

参　数	优化前	优化后	参　数	优化前	优化后
产量/t·h^{-1}	16	18	沥青含量/%	16	15.5
混捏温度/℃	170	175	粉子含量/%	30	36
混捏能（产能）/kW	112	162	粉子细度/布林值	3000	3500
捏合能/kW·h·t^{-1}	7	9	最终焙烧温度/℃	1100	1140

表 2-9 优化后的生产阳极表现出质量高、均一等特点

参 数	平均值	2σ（误差）	参 数	平均值	2σ（误差）
阳极焙烧后体积密度/$kg \cdot dm^{-3}$	1.57	0.015	热导率/$W \cdot (m \cdot K)^{-1}$	3.6	0.4
比电阻/$\mu\Omega \cdot m$	53	3	二甲苯密度/$kg \cdot dm^{-3}$	2.09	0.02
抗弯强度/MPa	9.4	2.1	空气渗透性/nPm	0.7	0.3
弹性模量/GPa	4.6	0.6	CO_2 反应残余/%	94	3
断裂能/$J \cdot m^{-2}$	254	56	空气反应残余/%	92	3

3 断裂力学

3.1 脆性材料断裂性能基本知识

脆性制品的断裂，例如炭素制品，其断裂是由裂纹引起的。就脆性极好的材料来讲，一旦有裂纹出现，裂纹很快就会增大并且以毁灭性的方式进行扩展，导致物体突然发生破坏现象。一般情况下，这种材料可以用服从胡克定律（即 $\sigma = \varepsilon \times E$，应力等于应变乘以弹性系数）的应力-张力图来进行说明，那么这样的材料据认为表现线弹性性能。图 3－1 说明了一种脆性极好的材料应力-应变曲线图。断裂可利用的能量往往比裂纹扩展消耗的能量大得多，从而导致材料产生毁灭性的破坏。

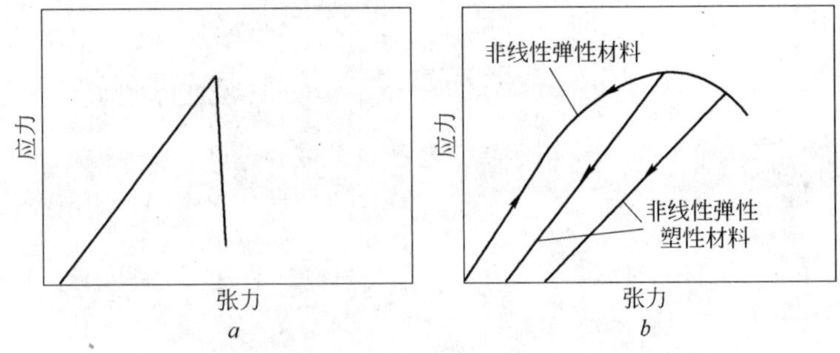

图 3－1　性能不同的材料应力－张力图

a—理想化脆性，线性弹性材料；*b*—非线性材料

炭素材料的断裂性能属于非线性和非弹性（即弹性－塑性）（Allard，1991）。这是因为炭素材料的结构导致能量被吸收的缘故（即微裂纹、裂纹桥键结构）。图 3－1*b* 说明了相应的应力-应变图。当物体上施加的压力减小时，由于能量吸收具有不可逆性，从而将会保留物体残余位移。

断裂力学是研究裂纹扩展的理论。表现线弹性性能的材料的硬度可用单独一参数，例如断裂能或临界应力强度因子来进行描述。非线弹性材料特性似乎更复杂一些，为了恰当地描述后者的断裂性能，应当使用裂纹生产曲线（*R* 曲线）来进行说明。

可用来描述固体物质的断裂性能有两种方法：一种是基于 Griffith 前期研究成果基础上的能量平衡法，另一种是来自 Irwin 的应力集中法。尽管两者原理不同，但最终都能得到同样的结论。在下一章中将首先介绍线弹性断裂性能。为了能理解更高级的弹塑性断裂力学，这样做非常必要。

炭素产品是由与骨料焦和黏结剂相黏结的混合物。由于炭素材料微观结构不均质，其物理性能如机械强度、断裂韧性等都变化显著。由于材料的裂纹大小分布是不对称的，所以用高斯分布作为统计分析的手段并不合适，但是韦伯分布被认为是在陶瓷行业中发展出来描述脆性固体特定断裂性能的一种很好的工具，我们将在第3章3.6静态裂纹分布中详细讨论韦伯分布的理论和应用。

3.2 能量法

3.2.1 裂纹应力集中的影响

现代说明脆性固体结构特性的材料科学研究方法是建立在 Inglis（1913）和 Griffith（1920）经典著作基础之上的。理论上他们都注意到脆性材料的黏附强度要大于实际断裂强度。

Inglis 认为，这种差异是由于材料内的缺陷或裂纹造成的。这些缺陷表现为裂纹、气孔或空隙，它们使材料中局部应力改变，降低了材料整体的强度。Inglis 提供了大量的证据来说明裂纹的应力集中的影响。他分析了一个椭圆形的气孔，其长轴为 $2a$，短轴为 $2b$，在长轴上施加垂直应力（如图3－2），那么在长轴顶点上（A 点）的应力为：

$$\sigma_A = \sigma(1 + 2a/b) \tag{3-1}$$

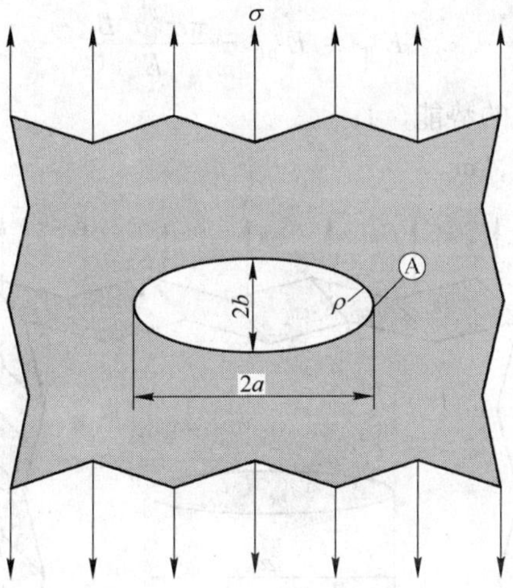

图3－2 平盘内的椭圆形洞

将 σ_A/σ 的之比定义应力集中。当 $a = b$ 时，气孔为圆形，应力集中等于3.0。随着主轴 a 相对于 b 增加，椭圆开始出现明显的裂缝。当 $a > b$ 时，Inglis 发现用曲率 ρ 表示公式（3－1）将更方便：

$$\sigma_A = 2\sigma\sqrt{a/\rho} \tag{3-2}$$

式中，$\rho = b^2/a$。

在曲率等于0时，公式（3－2）说明一个无穷大的应力作用在一条大的裂纹上。这一结论首次被提出时，引起了人们的广泛关注。理论上有裂纹的材料，应该在承受无穷小的负荷情况时就会发生破坏，但是一条无限大锐利的裂纹是数学上抽象的概念，并不代表现实中真实的物质。实际上裂纹顶点的最小半径相当于原子半径。裂纹表面的这种自相矛盾的结论促使 Griffith 研究出一种基于能量平衡而不是建立在局部应力基础上的断裂理论。

3.2.2　Griffith 能量平衡法

1920 年，Griffith 应用热静力学第一定律来解释裂纹形成。当一个系统从不平衡状态达到平衡状态时，能量会降低，这就意味着只有当这一过程引起总能量的降低或保持不变时才会产生裂纹扩展。

式（3－3）开裂能量平衡式，裂纹长度为 $2a$，承受应力为 σ。为了使裂纹的尺寸增加，必须在平盘上施加一个足够的势能来克服材料的表面能。在平衡条件下，在裂纹区域 $\mathrm{d}A$，Griffith 能量平衡法用于裂纹增长，可以表示为：

$$\frac{\mathrm{d}E}{\mathrm{d}A} = \frac{\mathrm{d}E_{\mathrm{II}}}{\mathrm{d}A} + \frac{\mathrm{d}W_s}{\mathrm{d}A} = 0 \tag{3-3}$$

式中　E——总能量，J；

E_{II}——由内应力能和外部压力提供的势能，J；

W_s——产生新裂纹面需要做的功，J；

A——裂纹面积，m^2。

如图 3－3 所示开裂的能量平衡式，Griffith 使用 Inglis 应力分析法来进行说明：

$$E_{\mathrm{II}} = E_{\mathrm{II}0} - \frac{\pi\sigma^2 a^2 B}{E} \tag{3-4}$$

式中　$E_{\mathrm{II}0}$——未开裂平盘的势能，J；

B——平盘的厚度，m。

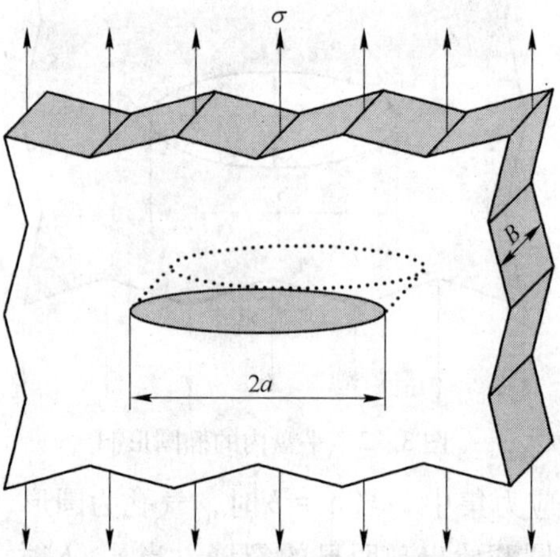

图 3－3　在受到较远张应力，无限宽的平盘
内有一条贯穿的裂纹

裂纹的形成需要创造两个裂纹表面，因此 W_s 可以表示为：

$$W_s = 4 \times a \times B \times \gamma_s \tag{3-5}$$

式中　γ_s——材料的表面能。

分清裂纹面积和与表面积差别是很重要的。裂纹面积指裂纹投影面（指前面例子中的 $2aB$）。但是，由于一条裂纹包括两个匹配的表面，表面积为 $2A$。

因此：

$$-\frac{dE_{II}}{dA}=\frac{\pi\sigma^2 a}{E} \tag{3-6}$$

和

$$\frac{dW_s}{dA}=2\cdot\gamma_s \tag{3-7}$$

式（3-6）和式（3-7）以及对断裂应力这一问题的解决给出了Griffith标准，这一标准描述了裂纹扩展的临界条件：

$$\sigma_f=\sqrt{\frac{2\times E\times\gamma_s}{f(\nu)\times\pi\times a}} \tag{3-8}$$

式中 σ_f——断裂应力，Pa；

$f(\nu)$——泊松比函数：

$f(\nu)=1$，对平盘承受的应力；

$f(\nu)=1-\nu^2$ 为平盘承受的应变。

式（3-8）只适用于理想脆性固体，这种情况下裂纹的形成是仅仅通过破坏原子间的联结形成的。γ_s 反应了单位面积中破坏联结的总能量。修改后的Griffith标准对最初的Griffith模式进行了概括，可用来描述任何一种类型的能量消耗（Irwin，1948）。

$$\sigma_f=\sqrt{\frac{2\times E\times w_f}{f(\nu)\times\pi\times a}} \tag{3-9}$$

式中 w_f——断裂能：$w_f=\gamma_s+\gamma_p$，J/m^2；

γ_p——表面产生每单位面积所做的塑性变形功，J/m^2。

根据材料不同，断裂能可包括塑性，黏弹性或者黏塑性等效果的影响，断裂能也受裂纹弯转与裂纹分支的影响（裂纹弯转与分支增加了表面积），而且这两种机理都可从炭素材料中发现，如图3-4所示。

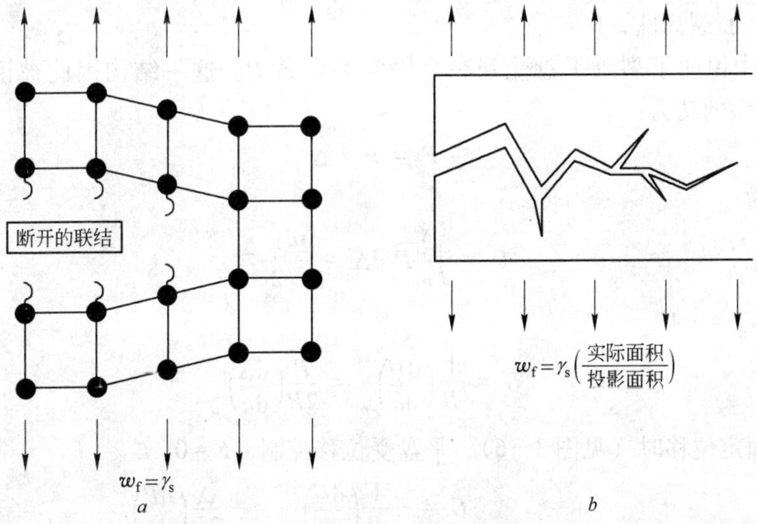

图3-4 具有相应断裂能的不同类型材料发生裂纹扩展（摘自Anderson，1991）

a—理想脆性材料；b—有弯曲和分叉裂纹的脆性材料

式（3－8）用于具有非线性变形性能的材料时必须注意。Griffith 模式（尤其是方程式3－4）只适用于具有线弹性的材料，因此材料整体结构属性必须属于弹性材料，任何非线性影响，例如塑性，必须限定在接近裂纹顶点的一个小区域内（Anderson，1991）。

3.2.3 线弹性特性：能量释放速率

1956 年，Irwin 提出了一种用于裂纹的能量分析法，本质上能量分析法与 Griffith 法非常相似，但用能量分析法解决工程学方面的问题却方便得多。Irwin 将 G 定义为能量释放速率，它是用来衡量裂纹延伸增加量的一种量度：

$$G = -\frac{\mathrm{d}E_{\mathrm{II}}}{\mathrm{d}A} = \frac{\mathrm{d}F}{\mathrm{d}A} - \frac{\mathrm{d}U}{\mathrm{d}A} \tag{3-10}$$

式中 G——能量释放速率，$\mathrm{J/m^2}$；

E_{II}——弹性物体的势能，J；

F——内能所做的功，J；

U——物体内部的内应变能，J；

A——裂纹面积，$\mathrm{m^2}$。

裂纹扩展所必需的能量来自于内力所做的功 F 和存储物体内弹性性能 U。在这里用到的能量释放速率与时间并无关系。G 为单位裂纹面积势能的改变量。由于 G 来自于内部势能，因此它也可以称为“裂纹伸张力”或“裂纹驱动力”。正如 U 的降低会导致裂纹延长、G 的增加，应变能 U 起到一种消极作用。对于具有一个 $2a$ 长的裂纹，宽平盘中平面应力（图 3－3 和公式 3－6）的能量释放速率为：

$$G = \frac{\pi\sigma^2 a}{E} \tag{3-11}$$

按照 Griffith 基本原理，当 G 达到临界值时，裂纹就会发生延展，这个临界值为：

$$G_{\mathrm{c}} = \frac{\mathrm{d}W_{\mathrm{s}}}{\mathrm{d}A} = 2 \times w_{\mathrm{f}} \tag{3-12}$$

式中 G_{c}——断裂韧性，$\mathrm{J/m^2}$。

图 3－5 中说明了裂纹平盘受到一个固定的负载 P。这一结构因此被说成“受控负载”。内力所做的功为：

$$F = P \times \Delta \tag{3-13}$$

应变能为：

$$U = \int_0^{\Delta} P\,\mathrm{d}\Delta = \frac{P \times \Delta}{2} \tag{3-14}$$

因此：$E_{\mathrm{II}} = -U$，

并且
$$G = \frac{1}{B}\left(\frac{\mathrm{d}U}{\mathrm{d}a}\right)_P = \frac{P}{2B}\left(\frac{\mathrm{d}\Delta}{\mathrm{d}a}\right)_P \tag{3-15}$$

当固定位移时（见图 3－6），平盘受位移控制，$F = 0$，$E_{\mathrm{II}} = U$

所以：
$$G = -\frac{1}{B}\left(\frac{\mathrm{d}U}{\mathrm{d}a}\right)_{\Delta} = -\frac{\Delta}{2B}\left(\frac{\mathrm{d}P}{\mathrm{d}a}\right)_{\Delta} \tag{3-16}$$

使用 C 比较方便，它是平盘硬度的转换（也就是由负载–位移图中斜率的转换）：

$$C = \Delta / P \tag{3-17}$$

式中 C——可塑性，m/N。

将式（3－17）代入式（3－15）和式（3－16）得到：

$$G = \frac{P^2}{2B} \times \frac{dC}{da} \tag{3-18}$$

它既受负载也受位移的控制。因此对这两者来说，其能量释放速率是一样的，从图3－5和图3－6中还可看出：给定 P 和 Δ，裂纹生长的增量 $(dU)_P = -(dU)_\Delta$（Munz 和 Fett，1989；Anderson，1991）。

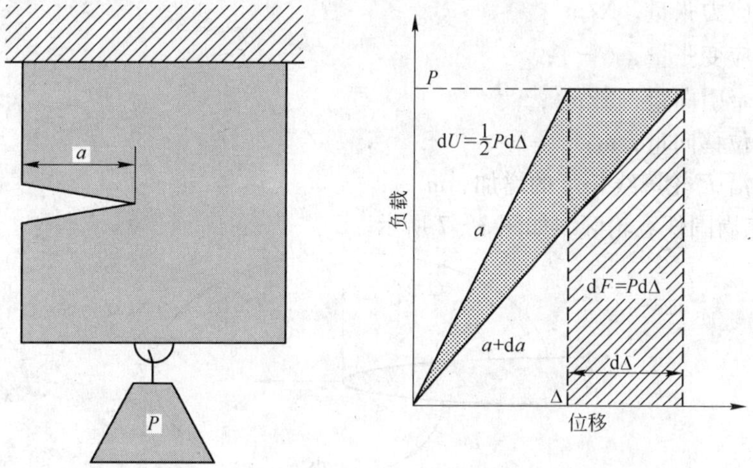

图3－5 固定负载 P 时裂开的平板（来自 Anderson，1991）

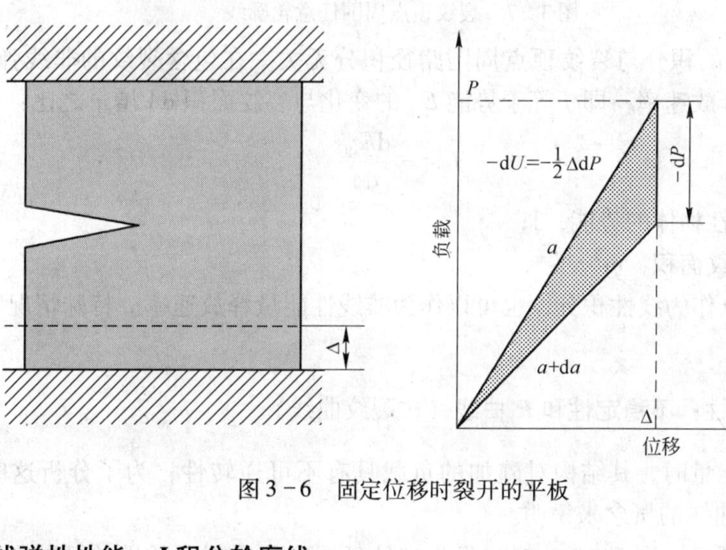

图3－6 固定位移时裂开的平板

3.2.4 非线弹性性能：J 积分轮廓线

图3－1已经说明了线弹性、非线弹性和非线性非弹性材料的单轴应力－应变的特性。对非线性材料，Rice（1968）研究出了所谓积分轮廓线来说明其断裂特性。对图3－1b 中所示的两种不同材料，加载特性是一样的，但是卸载后两种材料的反应却不同。弹性塑性材料沿着线性卸载路线，其斜率等于实际杨氏模量，而非线性弹性材料卸载时与其承载时

的路径一致。

Rice 将塑性变形（即非线弹性）应用到对非线性材料的裂纹分析中。他引入了一种与路径独立的积分轮廓线 J，当一个固体受到二维负载时，裂纹顶点周围，沿着逆时针任意旋转的积分轮廓线 J 定义为：

$$J = \int_{\Gamma}\left(w\mathrm{d}y - T_{\mathrm{i}} \times \frac{\delta u_{\mathrm{i}}}{\delta x}\mathrm{d}s\right) \tag{3-19}$$

式中 w——应变能量密度：$w = \int_0^{\varepsilon_{\mathrm{ij}}} \sigma_{\mathrm{ij}}\mathrm{d}\varepsilon_{\mathrm{ij}}$，$\mathrm{J/m^3}$；

σ_{ij}——应力张量，$\mathrm{N/m^2}$；

$\varepsilon_{\mathrm{ij}}$——应变张量，（-）；

T_{i}——牵引向量，$\mathrm{N/m^2}$；

u_{i}——位移向量，m；

$\mathrm{d}s$——沿 Γ 轮廓线长度的增加，m。

裂纹顶点周围任意轮廓线如图 3-7 所示。

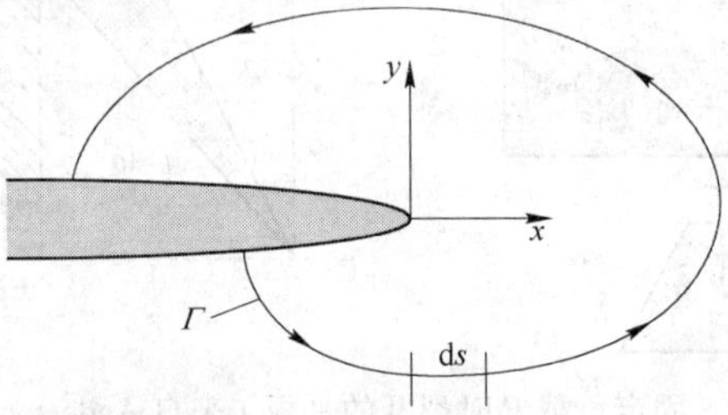

图 3-7　裂纹顶点周围任意轮廓线

Rice 指出：J 的积分与裂纹顶点周围路径积分无关。在包含裂纹的非线弹性物体中，这一积分值能量释放速率，即 J 等于势能 E_{II} 的变化与裂纹面积 $\mathrm{d}A$ 增量之比：

$$J = -\frac{\mathrm{d}E_{\mathrm{II}}}{\mathrm{d}A} \tag{3-20}$$

式中 E_{II}——弹性物体的势能，J；

A——裂纹面积，$\mathrm{m^2}$。

所以 J 既可以作为线性积分，也可以作为非线性能量释放速率。特殊情况下线弹性材料 J 等于 G。

3.2.5　非弹性特性：不稳定性和 R 曲线（抗裂纹曲线）

当材料吸收能量时，其结构对施加的负载具有不可逆转性，为了分析这时的裂纹性能，就必须用 R 曲线的概念来说明。

前面已经说明过，当 $G = 2w_{\mathrm{f}}$ 时，发生裂纹延展；然后裂纹的生长可以稳定或者不稳定存在，这要依赖于 G 和 w_{f} 是怎样随裂纹尺寸变化。为了说明这种稳定与不稳定存在的特性，用 R——材料的抗裂纹伸长系数，代替 $2w_{\mathrm{f}}$ 进行研究更方便些。R 与裂纹伸长比生成的图被称为“抗裂纹曲线”或“R 曲线”。相对应的 G 与裂纹伸长比称为“驱动力曲线”（Anderson，1991）。

重新考虑一下具有一条初始长为 $2a_0$ 的贯通裂纹的宽平板，如图 3-3 所示，当受到一个固定的、无限远的应力 σ 时，按照式（3-11）能量释放速率 G 裂纹尺寸线性变化。图3-8说明了两种不同类型材料的驱动力曲线/R 曲线示意图。

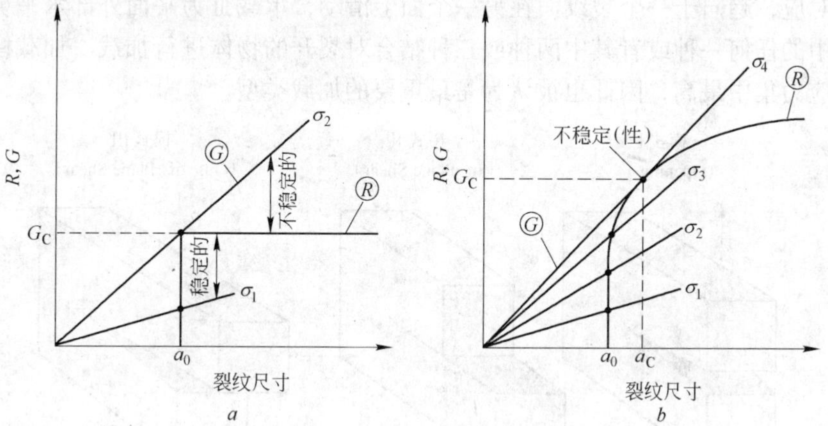

图3-8　驱动力/R 曲线示意图

a—平坦的 R 曲线；b—上升的 R 曲线

第一种情况（图3-8a）说明的是水平 R 曲线，在这里随着裂纹的增大而材料的抵抗力不变，当应力 $=\sigma_1$ 时，裂纹是稳定的，当应力达到 σ_2 时，裂纹扩展变得不稳定了，因为驱动力随着裂纹的增大而增加，而材料的抵抗力保持不变。

第二种情况（图3-8b）显示的是一种具有上升 R 曲线的材料，当应力达到 σ_2 时，裂纹长了一点，但是除非应力增加，否则裂纹将不会再继续增长，当应力固定在 σ_2 时，驱动力 G 的增长要比材料的抵抗性稍小一些，随着应力增加到 σ_3 时，裂纹的生长保持稳定。最后当应力增加到 σ_4 时，驱动力与 R 曲线变成相切了，随着应力的进一步增加或者随着裂纹进一步生长，裂纹变得不稳定了，因为这时驱动力的变化率超过了 R 曲线的斜率。

裂纹稳定生长的条件是 $G=R$ 和

$$\frac{\mathrm{d}G}{\mathrm{d}a} \leqslant \frac{\mathrm{d}R}{\mathrm{d}a} \tag{3-21}$$

式中　R——材料抗裂纹生长阻力，$\mathrm{J/m^2}$。

不稳定的裂纹生长发生在：

$$\frac{\mathrm{d}G}{\mathrm{d}a} > \frac{\mathrm{d}R}{\mathrm{d}a} \tag{3-22}$$

对于具有水平 R 曲线（如图3-8所示）材料来讲，临界能量释放速率（G_C）只能模糊测定。炭阳极材料趋向于表现出一种上升 R 曲线的特性（Allard, 1980）。

3.3　应力集中方法

3.3.1　Irwin 的分析方法

Griffith 能量分析方法分析裂纹的整体特征，而 Irwin（1957）对裂纹顶点局部应力集中特征感兴趣。

一个裂纹可以有三种不同加载类型，使得裂纹顶点应力高度集中，如图 3-9 所示。加载模式Ⅰ，垂直于裂纹平面的主要负载，趋向使裂纹打开；加载模式Ⅱ与内部平面剪切力的加载对应，趋向于一个裂纹面在另一个面上滑动，承载Ⅲ为平面外部水平剪切力。这三种模式中的任何一种或者其中两种或三种结合对裂开的物体进行加载。加载模式Ⅰ在裂纹顶点的应力集中最高，因此也被认为是最重要的加载类型。

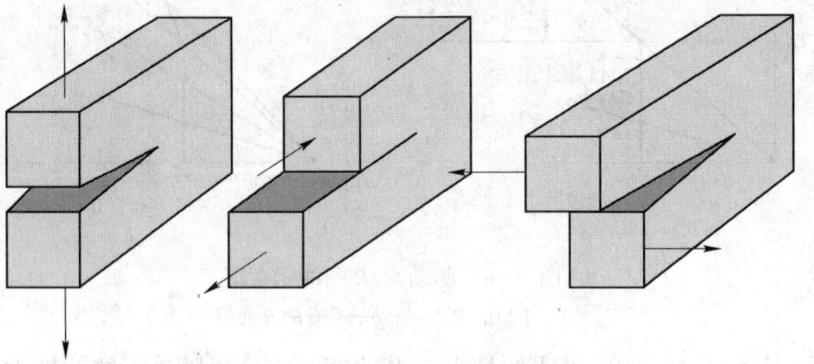

图 3-9　裂纹应用三种负载模式

如果在裂纹顶点定义为极坐标的原点（见图 3-10），那么在线弹性物体内的应力区域可以用公式（3-23）来表示。常数 K 为应力强度系数，在线弹性材料的裂纹顶点处，它完全可以确定了应力和应变的条件。因此裂纹延长特性依赖于 R 值。

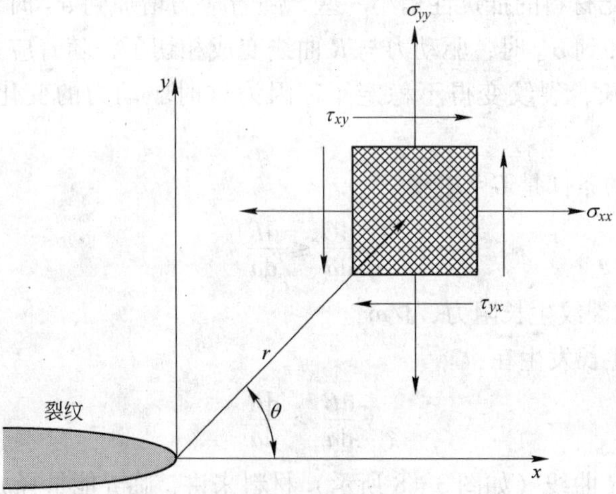

图 3-10　定义裂纹顶点为坐标轴原点

$$\sigma_{\mathrm{ij}} = \frac{K}{\sqrt{2\pi r}} \times f_{\mathrm{ij}}(\theta) \tag{3-23}$$

式中　σ_{ij}——应力张量，$\mathrm{N/m^2}$；

K——应力强度系数，$\mathrm{MPa \cdot m^{\frac{1}{2}}}$

通常应力强度系数有一个标指定加载的类型，即 K_{I}、K_{II}、K_{III}。K_{I} 依赖于施加的应力大小程度、裂纹尺寸和物体的几何形状。它可以写成：

$$K_{\mathrm{I}} = \sigma \times \sqrt{a} \cdot Y(a/W) \quad (3-24)$$

式中 K_{I}——第一种加载类型的应力集中系数，$\mathrm{MPa} \cdot \mathrm{m}^{\frac{1}{2}}$；

σ——外加应力，MPa；

a——裂纹尺寸，m；

$Y(a/W)$——与物体的特征尺寸及几何形状有关的函数，(-)。

当应力和张力结合达到一个临界点时，也就是说，当 K_{I} 达到临界应力集中 K_{IC}，材料将会发生局部破坏。因此 K_{I} 是断裂的驱动力，K_{IC}是材料的抵抗性的一种量度，也就是断裂韧性。至于前面所提到的 G_{C}，它们特征相似也可应用到 K_{IC}上，也就是假定为 K_{IC} 与材料尺寸大小没有关系。

在一个无限宽的，承受均匀张应力 σ（如图 3-3 所示）的平板内，有一厚度贯穿的裂纹，其长度为 $2a$，则这时的应力集中系数为：

$$K_{\mathrm{I}} = \sigma \sqrt{\pi a} \quad (3-25)$$

将式（3-11）与式（3-25）对照，对平面应力来说，就可得到K_{I}与 G 之间的相互关系：

$$G = K_{\mathrm{I}}^2 / E \quad (3-26)$$

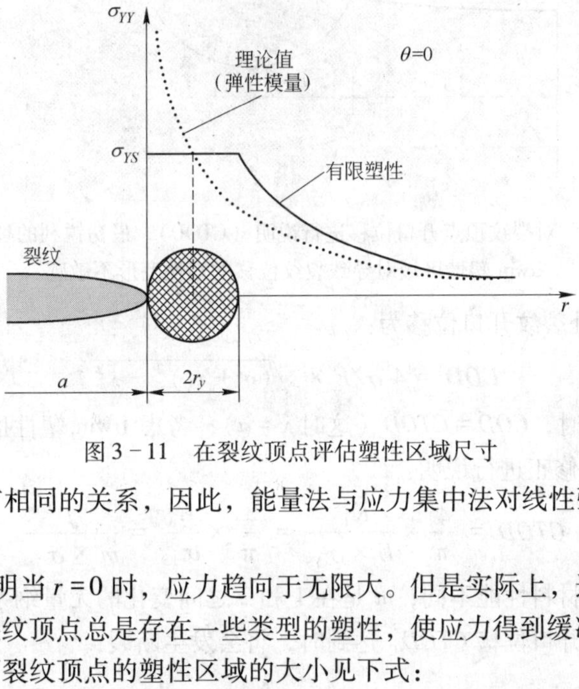

图 3-11 在裂纹顶点评估塑性区域尺寸

G_{C} 和 K_{IC}之间有相同的关系，因此，能量法与应力集中法对线性弹性材料来说本质上相同。

式（3-23）说明当 $r=0$ 时，应力趋向于无限大。但是实际上，这样的应力是不会发生的。这是因为在裂纹顶点总是存在一些类型的塑性，使应力得到缓冲。Irwin（1961）估计在平面应力条件下裂纹顶点的塑性区域的大小见下式：

$$r_y = 1/(2\pi) \times (K_{\mathrm{I}} / \sigma_{YS})^2 \quad (3-27)$$

式中 r_y——裂纹顶点变形区域半径，m；

σ_{YS}——材料的单轴屈服强度（即最大弹性强度），$\mathrm{N/m^2}$。

如果塑性范围被限制在裂纹顶点，这是唯一有效的方法。通常 $a/r_y < 50$。若对塑性区域进行考虑的话，需将描述断裂韧性的关系式调整为：

$$K_{\mathrm{IC}} = \sigma_{\mathrm{F}} \times Y(a/W) \times \sqrt{a + r_y} \quad (3-28)$$

但是，在实践中裂纹顶点变形区域的相互关系通常可以被忽略不计。

3.3.2 裂纹顶点开口位移

对于在裂纹顶点具有弹塑性断裂特性的材料进行考虑的话，上述应力集中系数法的有效性可能会受到限制，因为这一方法最初是为线性弹性断裂结构设计的，而 Wells（1961）通过研究，找到了一种通过测定裂纹顶点位移（CTOD）来测定断裂韧性的方法。

当对样品进行断裂检测试验时，Wells 注意到裂纹面会在断裂发生前已经移动，如图 3-12所示，塑性变形对最初的一个裂纹不敏感。裂纹不敏感的程度与材料的韧性成比例增加。这种观察结果使 Wells 提出裂纹顶点开口作为断裂韧性的一个量度。在距离

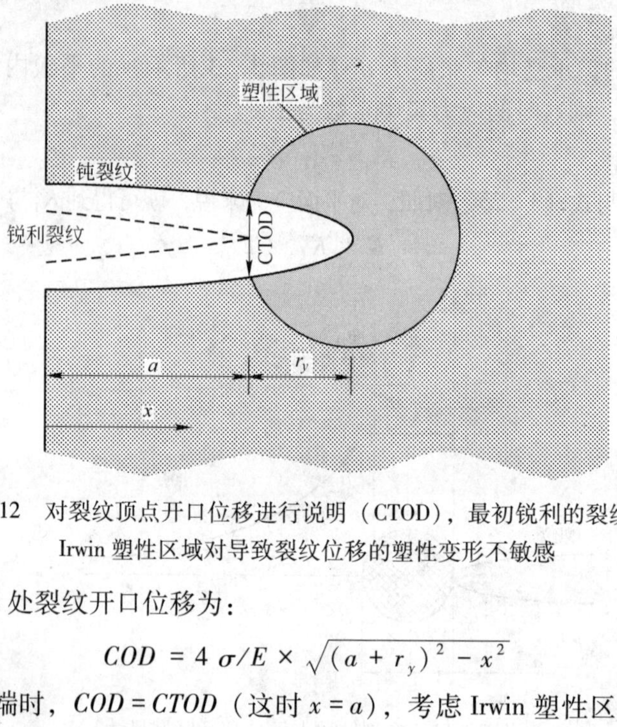

图 3-12 对裂纹顶点开口位移进行说明（CTOD），最初锐利的裂纹对在 Irwin 塑性区域对导致裂纹位移的塑性变形不敏感

（COD）裂纹中心 x 处裂纹开口位移为：

$$COD = 4\ \sigma/E \times \sqrt{(a + r_y)^2 - x^2} \quad (3-29)$$

在有效裂纹顶端时，$COD = CTOD$（这时 $x = a$），考虑 Irwin 塑性区域，可用下列公式（3-27）对平面应力修正进行说明：

$$CTOD = \frac{4}{\pi} \times \frac{K_{\mathrm{I}}^2}{E \times \sigma_{YS}} = \frac{4}{\pi} \times \frac{G_{\mathrm{I}}}{\sigma_{YS}} = \frac{J}{m \times \sigma_{YS}} \quad (3-30)$$

根据应力状态和材料性能不同，m 是在 1 和 2 之间变化的无量纲系数。

当临界裂纹顶点开口位移 $CTOD_{\mathrm{C}}$ 达到时，将会发生断裂：

$$CTOD_{\mathrm{C}} = \frac{4}{\pi} \times \frac{K_{\mathrm{IC}}}{E\sigma_{YS}} = \frac{J_{\mathrm{IC}}}{m\sigma_{YS}} \quad (3-31)$$

3.4 增韧机理

一些材料，例如炭素材料表现出一种上升的 R 曲线行为（Allard，1990；Brocklehurst，1977)，这意味着为了发生裂纹扩展，需要增加裂纹能量。材料的这种增韧是由几个沿着或在裂纹顶点作用的机理引起。下面对这些不同的增韧机理进行描述。为了理解炭阳极材料的特征断裂特性，考虑这种增韧机理的存在是非常重要的。

3.4.1 裂纹发生偏转与弯曲

裂纹偏转与弯曲描述了当裂纹垂直于应力方向不能再继续延伸时发生的现象。偏转角是由垂直于应力的平面和裂纹迅速形成的方向给出的。

当有第二相存在时，例如颗粒或者任何类型的空隙（即裂纹或气孔），裂纹能发生偏转。首先作一下近似估计，这部分的形状可以用长度除以直径得到的形成因子来描述。Faber 和 Evans（1983）对形成因子明显的影响了裂纹路径，从而对材料的韧性特性产生了影响。颗粒越长（相对于它的直径来说），裂纹偏转越大。因此裂纹偏转随着形成因子的增加而增加。当裂纹发生偏转时，会产生更多的破裂面，它会导致断裂需要的能量更大以及更高的断裂韧性（见本章 3.2 节能量法）。

Meyer 和 Buch（1973）指出，在特定区域石墨材料中裂纹的方向偏离张力面 50°多。但是整个裂纹长度平均方向偏离张力面只有 ±5°，这与本次对阳极材料进行的调查研究相对应，如图 3－13 所示。然而，由于裂纹面更大，裂纹弯曲存在（也可理解成裂纹向两个方向偏转）明显增加了断裂韧性。

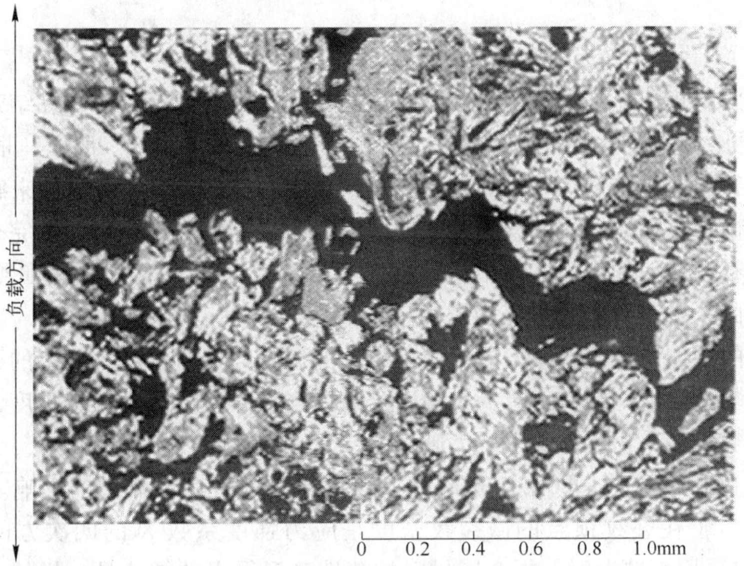

图 3－13 炭阳极内的裂纹路径

3.4.2 微裂纹

像沿着基面裂纹开裂一样，在黏结焦结构较脆弱的部位很容易出现细小裂纹（Brocklehurst，1977；Wege，1968）。依据 Griffith 的发现，这种类型的裂纹发生是由缺陷的应力集中引起的。因此这些微裂纹减轻了物体内的局部应力集中，调节了材料内的应力分布。在应力集中得到补偿后，微裂纹的生长就停止了（Seldin，1966）。一般情况下，裂纹延展在下列情况下会受到限制：裂纹延伸到空隙中；裂纹偏离了临界应力区域；或者遇到阻碍，例如大颗粒或者遇到事先已存在的垂直裂纹。当物体被卸载后，裂纹会部分消失。因此微裂纹不会导致物体的最后破坏，所以微裂纹对材料的韧性和强度都有促进作用。

当施加非常小的应力时，就开始形成裂纹。对多晶体石墨进行微观结构观察后发现：当施加的应力为最大断裂应力10%时，就开始产生微裂纹。在目前的研究中也发现了类似的结果。用3点弯曲测试炭阳极样品，炭棒先承载，然后再卸载，压力每次增加1MPa。在每次循环之后按照在第2章2.3.6节中介绍的方法测定其动态弹性模量。图3－14说明杨氏模量是如何随压力的增加而降低的。

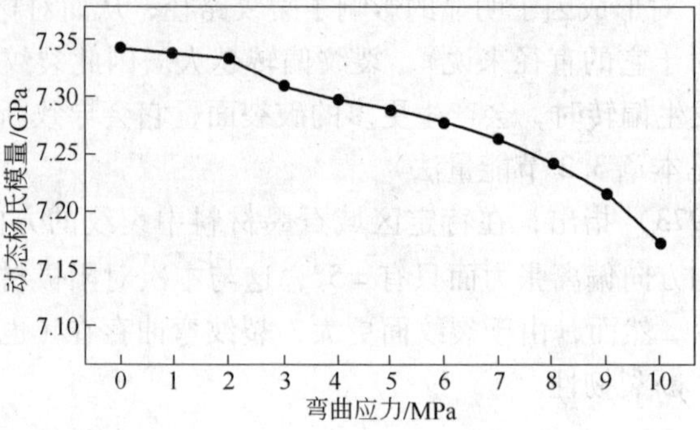

图3－14　影响动态杨氏模量的微裂纹

阳极是由骨料焦和黏结剂焦组成。当对这两种焦分别进行处理时，黏结剂焦中的杨氏模量（E_B）要比骨料焦当中的杨氏模量（E_F）高（Wege，1968）。所以，根据E_B/E_F因子，我们可以得出在黏结剂焦中应力要比在骨料焦中的应力大。这可以用来解释在Griffith缺陷中为什么微裂纹在黏结焦中容易发生的原因。当最终黏结剂焦被裂纹完全分开后，它就不能进一步补偿任何的张力，整个系统（也就是整个物体）的杨氏模量变得较小（根据试验观察到的）并且骨料焦的张力增加。

随着应力的增加微裂纹继续发展，由于裂纹的偏转与弯曲作用，连接的裂纹发生在垂直于施加的应力方向上并与应力有一小角度。最后当临界裂纹达到一定程度，相关连接的裂纹达到一临界长度，物体就会发生大破坏。

Hoagland和Embury（1980）定量研究了微裂纹结构对韧性作用的影响。他们采用数学方法研究得出了在裂纹顶点的微裂纹密度是应力强度系数K的四次方的函数。这与Dunegan（1968）用声波发射分析金属材料的塑性变形得出的结论是一样的。他发现声发射量N_e与塑性区域体积成比例，他认为这一塑性区域是圆柱体，其半径为r_y。按照Irwin模式，应力集中系数的平方K^2与r_y成比例，既然N_e与$r_y{}^2$成比例，所以N_e就与应力K^4成比例。每发射一次声波就记每次形成的一个微裂纹。说明Hoagland或Embury与Dunegan的发现彼此一致。

3.4.3　裂纹构架（桥键）

裂纹桥键是由大颗粒（例如较大的颗粒或纤维）将两个裂纹面连接在一起形成的，如图3－15所示。由于颗粒与基体之间的摩擦，压力作用在开裂面上，这些应力作用在远处的应力，这样就阻碍了裂纹的进一步发生。

Sakai（1988）指出，大颗粒的裂纹桥键结构比微裂纹对多晶体石墨的韧性影响大一

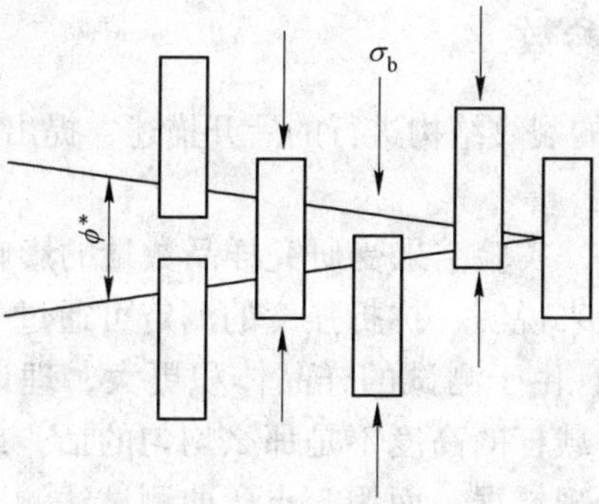

图 3-15 充当裂纹桥键的各种颗粒示意图

些。Reichl 和 Steinbrech（1988）测定了桥键区域对韧性影响的分布：

$$\Delta K_b = \sqrt{\sigma_b \times E_b \times \phi^*} \tag{3-32}$$

式中 ΔK_b——由裂纹桥键引起的应力集中的变化，$MPa \cdot m^{\frac{1}{2}}$；

σ_b——作用于裂纹的应力，MPa；

E_b——此时桥键的杨氏模量，MPa；

ϕ^*——桥键区域顶点的裂纹开口位移，m。

Allard（1990）发现，对于炭阳极材料来说 ϕ 的数量级为 10μm，但是结果证明，很难定量区分不同韧性效果的影响，从这一点上，我们可以得出作为韧性结构裂纹桥键起着重要的作用。图 3-16 说明了具有单个裂纹桥键颗粒、开裂炭阳极样品的显微结构图例。

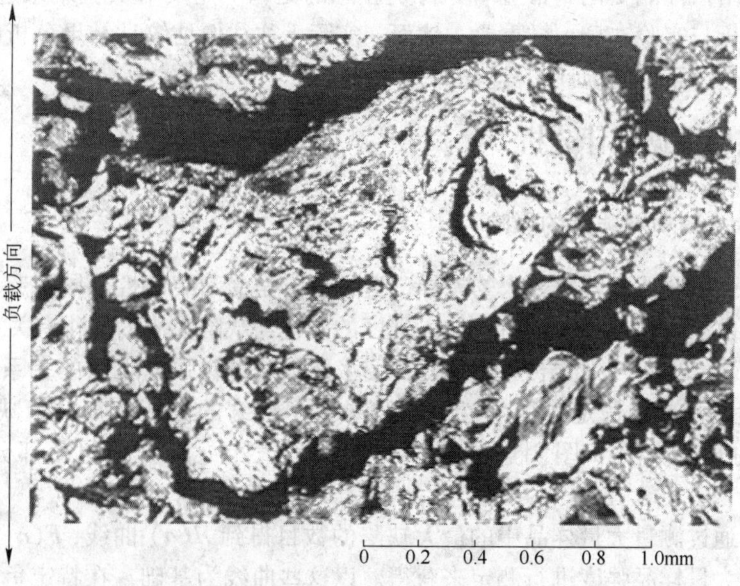

图 3-16 断裂能试验后，具有单个充当裂纹桥键颗粒的炭阳极样品的裂纹路径

3.5 在实践中测定断裂参数

在前几章中对脆性固体的裂纹结构进行的展开描述，提出了为说明炭阳极断裂特性怎样详细选取适当的测定方法。

在本次调查研究中发现，实验结果受研究样品数量的影响而不是选择的测定方法的影响。这可用抗弯强度试验来说明，抗折强度的测定可通过3点或4点弯曲来完成（见第2章2.3.3节抗折强度），由于测试的样品体积更大，理论上用4点弯曲法测试比较具有代表意义。如果4个负载杆的高度不是那么均匀的话，或者如果样品的直径不超过样品的长度时，结果就会出现错误。而用3点弯曲测试法测定体积较小的样品，只能给出缺少代表性的数据。实践中这些缺陷可通过测试更多的样品来补偿。由于体积的影响，通过3点弯曲测试一般情况下得出的数据平均值较高，其变化也较大（第4章将主要说明这种倾向是如何受统计处理过程影响的）。由于3点弯曲测试对检测设备及样品制备的精确性要求并不是非常严格，所以这种测试方法被证明是测定抗折强度更好的选择方法。

用于本研究中测定断裂能（如第2章2.3.7节断裂能中所描述的）的试验方法源自于Nakayama（1965）、Tattersall和Tappin（1966）的早期工作。这一方法的优点要控制裂纹扩展的方式，使得当施加的压力与位移结合时，考虑了韧性的影响。由于我们不能在现场直接测定出来裂纹生长的增量，所以裂纹扩展的精确测量成为断裂能测定或断裂韧性测定中的问题。目前对裂纹延展的测定是通过位移进行间接测定，这种测定很容易出错。但是这种测试方法，样品的制备容易、测试快速。这样可以测量大量的样品，从而获得重要的数据。

炭阳极的结构性能变化非常显著。特别注意的是，一定要对实验结果进行正确解释，对结果统计分析与实验本身一样重要，然而，实际上往往低估统计结果分析的重要性。下面将讨论如何选用正确的统计工具。

3.6 断裂实验数据统计分析

3.6.1 缺陷大小对材料强度的影响

炭阳极其强度要比金属有较大的差异，这种差异是受断裂特性不同引起。正如前面提到的，断裂是由于材料中的缺陷造成的。强度的变化与缺陷大小的变化有关系。

Munz和Fett（1989）推导出最大缺陷尺寸分布与材料强度之间的关系，如图3－17所示，这一发现是基于假定物体中最大缺陷导致了最终的破坏。每一个缺陷尺寸a_c对应一个特定的强度σ_c，a图阴影为观察到的缺陷大小a_0，b图阴影部分为相应的强度σ_0。

我们可以通过测量大量样品中的最大缺陷的数目得到$H(a)$曲线，$F(\sigma_c)$曲线也可以相类似通过对大量样品强度进行测定来获得。以这些曲线为基础，在特定负载下，可以预测出样品幸存概率：当知道一个样品的最大缺陷尺寸a_0时，根据同样的阴影大小能够测出相对应的样品强度σ_0。样品在压力为σ_0的情况下破坏的概率便可通过b图阴影部分的面积与$F(\sigma_c)$曲线下的整个面积相比得出，相应的样品幸存概率便于通过a图的阴影面

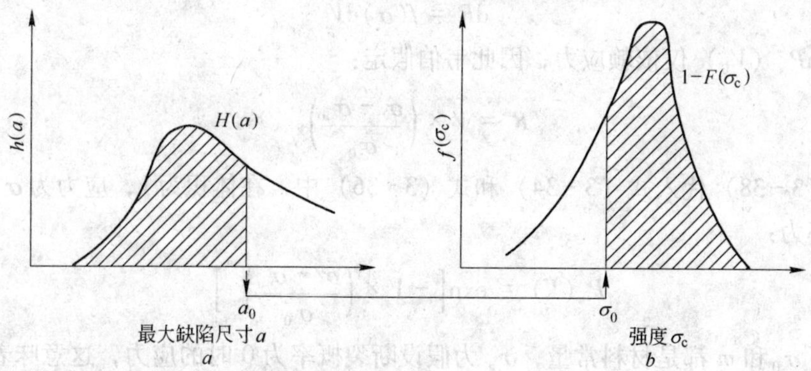

图3－17　材料最大缺陷尺寸和相应的强度密度分布函数
（摘自 Munz 和 Fett，1989）

积与整个表面积相比得出（破坏概率＝1－幸存概率）。

有趣的是密度分布曲线并不对称，这表明缺陷尺寸分布和相应的强度分布并不遵循正态分布（或者高斯分布）。因此必须选择不同的方法进行研究，这些将在下面的章节进行说明。

3.6.2　韦伯分布函数的原理及应用

如上所述，由于材料结构的不均质性，炭阳极的力学性能围绕其平均值不对称分布。由于炭阳极的断裂性能可用经典陶瓷制品的断裂力学来描述，因此以“强度最弱连接”为基础的韦伯分布函数法证明是非常有用的。

可用一定长度链条的破坏来进行说明最弱键模型。当物体连接中最弱的一环打开时，物体就被破坏，在一系列特定长度的链连接中，每单位长度中连接最弱一环具有不同的强度，并且它控制着强度的变化。可以将其进行扩展到观察中：随着测试材料数量的减少，材料强度增加了。这可用一根长链条在拉力下破坏来证明。对破坏后的部分重新进行测试，它们要比原长时连接更强，这是因为连接最弱的一环已经被排除了。而且将剩下部分继续破坏，强度会进一步增加。因此对炭阳极来说，链接代表材料中包含缺陷的小的体积，最弱的链接就相当于具有最有危害性缺陷的区域。

下面将说明韦伯分布函数是如何推导出来的。$P_S(l)$ 描述了当一个链接受到应力 σ 时，长度为 l 链接不含有一个将要破裂连接的概率。$P_s(l')$ 描述了同样链接长度的情况。因此链长为 $l+l'$ 的链接在应力为 σ 的情况下，幸存概率为：

$$P_s(l+l') = P_s(l) \times P_s(l') \tag{3-33}$$

体积为 V 的物体，相应的幸存概率是单位体积物体的 x 次方：

$$P_s(V) = P_s(V_0)^x \tag{3-34}$$

或

$$P_s(V) = \exp\left[x \times \ln P_s(V_0)\right] \tag{3-35}$$

韦伯将 R 定义为破裂概率：

$$R = -x \times \ln P_s(V_0) \tag{3-36}$$

因此对无穷小体积 dV，其断裂概率：

$$dR = f(\sigma)dV \tag{3-37}$$

由于 $\ln P_s(V_0)$ 仅依赖应力，因此韦伯假定：

$$R = V \times \left(\frac{\sigma - \sigma_u}{\sigma_0}\right)^m \tag{3-38}$$

把式（3-38）代入式（3-34）和式（3-36）中，在体积为 V，应力为 σ 的情况下，其幸存概率为：

$$P_s(V) = \exp\left[-V \times \left(\frac{\sigma - \sigma_u}{\sigma_0}\right)^m\right] \tag{3-39}$$

式中，σ_u、σ_0 和 m 都是材料常量，σ_u 为假设断裂概率为 0 时的应力，这意味着缺陷尺寸有一上限。为了方便，常常将 σ_u 假定为 0，σ_0 是一个无物理意义的标准系数，m 称为韦伯模量，它反映了强度可变性的程度—— m 越大，强度的变化就越小。对实际生产的炭阳极来说，发现了 m 的范围在 3～15 之间。

为了将数据图形化，我们对式（3-39）取两次对数后，整理得：

$$\ln\ln(1/P_s) = \ln V + m \times \ln(\sigma - \sigma_u) - m \times \ln\sigma_0 \tag{3-40}$$

应该强调的是：虽然韦伯分布函数部分是在经验的基础上得出的，但是在许多领域它得到了成功的应用。用韦伯函数来说明脆性固体材料的断裂性能只是其中的一个例证，从而证明它是非常可信的，尽管它看起来缺少理论上的推理。

下面将要说明如何应用韦伯分布函数分析弯曲强度值一组数据（也可看图 3-1）。韦伯函数图被证明是表示材料在应力作用下的特性一种理想的工具：将幸存概率作为承受应力的函数进行绘图（见图 3-18）。韦伯模量 m 代表曲线的斜率，特征强度 σ_0 对应于幸存概率 P_s 为 0.3679（因为 $\ln\ln(1/0.3679) = 0$）。

应该指出的是：单靠人对数据进行评估是非常浪费时间的，因此我们推荐使用具有统计和图像处理功能的软件对数据进行处理，比如 STATGRAPHICS 软件。

3.6.2.1　数据集

从断裂测试获得的结果（也可能是抗弯强度试验）（见第 2 章 2.3.3 节）或者是断裂能量试验（见第 2 章 2.3.7 节）作为用于韦伯分布函数分析的基础数据。测试许多有代表性的数据是非常重要的，至少需要有 30 个样品。如果预测材料破坏的百分比范围较小，那么就要测定 50 个样品或者更多。

3.6.2.2　对强度数值进行排列

把强度值按照大小进行排列，强度最小的对应于第一列，较大些的对应于第二列，依此类推。对应包含 N 个强度值的数据库，每个强度值在 1 与 N 之间都有一个相对应的 i 值。

3.6.2.3　测定材料幸存概率

假设材料承受一应力，对应于从抗弯强度测试中得到强度值，便可测出每个应力对应的材料幸存概率 P_s。而在实践中使用下面两个关系式：

$$P_s = 1 - \frac{i}{N+1} \quad \text{平均列位置} \tag{3-41}$$

或者

$$P_s = 1 - \frac{i-0.3}{N+0.4} \quad \text{中间列位置} \tag{3-42}$$

从这两个关系式得出的结果差别小，仅在数据的极限位置差别显著，而在这个位置，我们才有兴趣预测有关材料高幸存概率。在本研究中使用了后一种方法（即本章3.4.2节；中间列位置），因为它的成立条件更广泛些。

3.6.2.4 对韦伯曲线图进行数值转换

现在用施加应力的对数和相应的幸存概率绘制成韦伯曲线图，如图3－18所示。

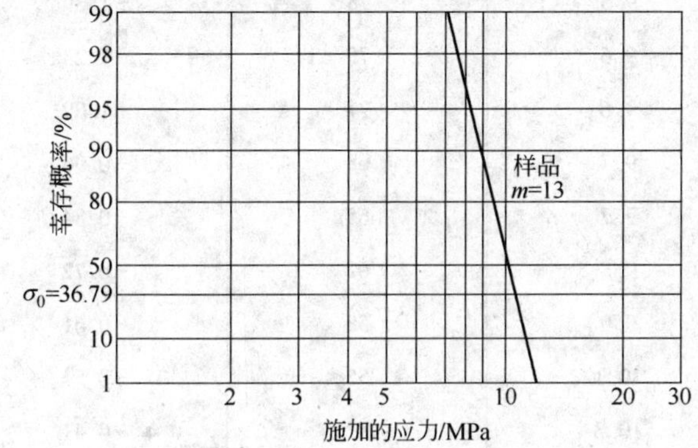

图3－18 一组表现（高）韦伯模量 $m=13$ 的韦伯曲线图
（13表示曲线的斜率）

纵坐标（y 轴）：$\ln\ln(1/P_s)$
横坐标（x 轴）：$\ln\sigma$

3.6.2.5 韦伯模量和特性强度 σ_0

通过最小面积分析法得到（3.6.2.4）中数据的线性回归。韦伯模量 m 由斜率负值给出（因为 $\ln\ln(1/P_s)$ 增加，在这个特定的图中，采用斜率负值很是有必要的）。而且在这实例中 $m=13$ 以下，特性强度 $\sigma_0=10.6$ MPa（由于在前面已经确定 $\ln\ln(1/P_S)=0$）。

上述程序对于给定体积的具体材料，在特定应力下预测其幸存概率成为可能。为了预测大规格尺寸阳极的性能，考虑韦伯模型的另一个特征——阳极的体积影响是很重要的，因为这一特征使得它在实践中应用更广泛。

体积不同的物体，即 V_1 和 V_2，在均匀应力的作用下，根据式（3－39）其应力 σ_1 和 σ_2 与幸存概率的关系为：

$$\frac{\sigma_1}{\sigma_2} = \left(\frac{V_2}{V_1}\right)^{\frac{1}{m}} \tag{3-43}$$

图3－18韦伯曲线图中，有来自表3－1的数据。它描述了作为承载应力的函数的样品体积的幸存概率。

表 3-1 人工测定韦伯分布

1/2		3	4	
列 [-]	强度/应力 σ /MPa	幸存概率 P_s/%	横坐标 lnln (1/P_s) [-]	横坐标 lnσ/MPa
1	8.5	98	-3.76	2.14
2	8.8	94	-2.86	2.17
3	9.1	91	-2.38	2.21
4	9.2	88	-2.04	2.22
5	9.4	85	-1.78	2.24
6	9.4	81	-1.57	2.24
7	9.5	78	-1.39	2.25
8	9.6	75	-1.23	2.26
9	9.6	71	-1.09	2.26
10	9.7	68	-0.96	2.27
11	9.7	65	-0.84	2.27
12	9.8	62	-0.72	2.28
13	9.9	58	-0.61	2.29
14	10.1	55	-0.51	2.31
15	10.3	52	-0.41	2.23
16	10.3	48	-0.32	2.33
17	10.3	45	-0.23	2.33
18	10.5	42	-0.14	2.35
19	10.5	38	-0.05	2.35
20	10.7	35	0.04	2.37
21	10.7	32	0.13	2.37
22	10.7	29	0.22	2.37
23	10.8	25	0.32	2.38
24	10.8	22	0.41	2.38
25	10.9	19	0.52	2.39
26	11.0	15	0.62	2.40
27	11.3	12	0.74	2.42
28	11.4	9	0.88	2.43
29	12.0	6	1.06	2.48
30	12.6	2	1.33	2.53

用式（3-43）定量考虑韦伯函数的体积影响会导出图 3-19 中扩展后的韦伯曲线图。这种韦伯曲线实践上更重要。将有关的样品体积假定为 $1.96\times10^{-4}\,m^3$（直径 50mm，长 100mm，这在 3 点弯曲测试中对应支撑棒间的距离）。整个阳极的体积可取样的实际生产

阳极的具体尺寸（长1400mm，宽750mm，高680mm）。

对比图3－19中的两条曲线说明了实践上体积影响的重要性。如果考虑要得到一个98%的幸存概率，那么要施加的最大应力从对阳极样品约7.5MPa下降到4.5MPa。

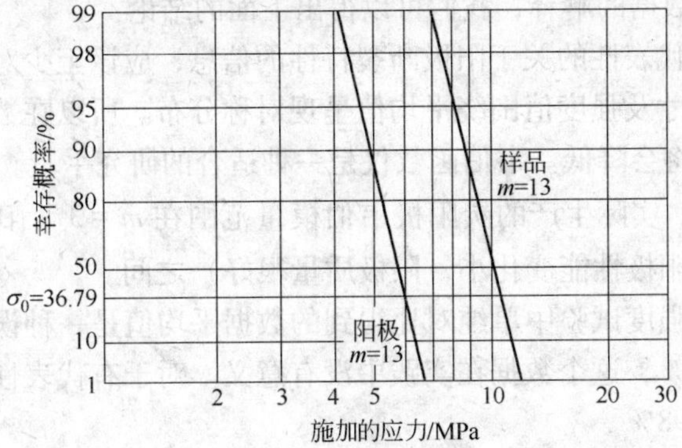

图3－19 考虑体积影响、扩展后的韦伯曲线图

（随着体积的增大，材料破坏的可能性增加）

通过研究发现韦伯模量$m=13$代表了高质量的阳极，即均质的结构会使其力学性能变化小；另一方面质量不好的阳极其特征为结构不均质，含有大量的裂纹。当测量阳极的抗弯强度时，测定结果比较分散。已经发现有几组阳极的韦伯模量$m=3$，质量非常差。

图3－20说明了韦伯模量对大尺寸阳极幸存概率有重要影响。同时这一图包括了质量较差的阳极（$m=3$）到质量很好的阳极（$m=13$）整个范围。对样品数据平均值进行对比，其结果令人吃惊。平均值相对应的幸存概率大约为50%。对表现出质量较差的阳极来说，平均值为8.1MPa，它是通过抗折强度测试决定的，将这一数值与平均值为10.4MPa高质量的阳极进行对比，这一数值仍然位于可以接受的范围中。但是在实践当中，材料幸存概率50%和样品体积性能都不能说明与阳极断裂特性相关的信息。当我们假定一种理想化的幸存概率为98%时，从而得出能应用到大规格阳极的最大应力同实际应用小于0.1MPa相比较要多4MPa。

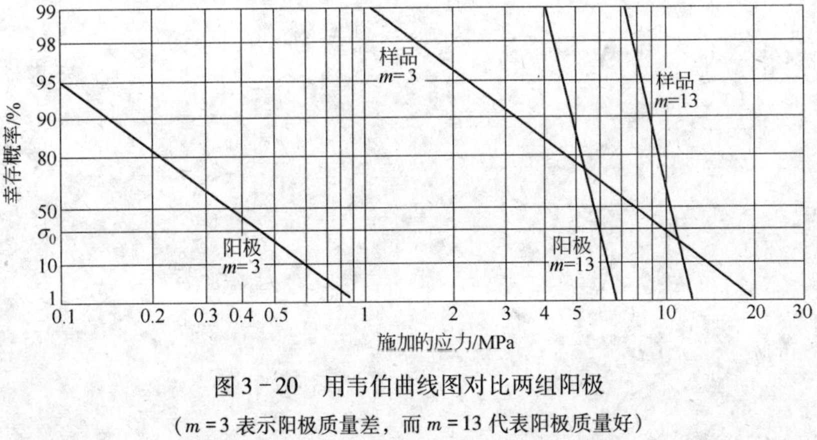

图3－20 用韦伯曲线图对比两组阳极

（$m=3$表示阳极质量差，而$m=13$代表阳极质量好）

由于这个例子中要施加的应力有一个因子40，所以看起来好像是纯学术性研究。但是事实上，这些数据都是从使用中的阳极产品中获得的。对于韦伯模量$m=13$的阳极展示的

是一种绝对理想的性能，根本没有任何裂纹。然而对于 $m=3$ 的阳极而言，发生灾难性破坏的概率为70%，我们将在第5章“阳极开裂”中对韦伯模量进行详细讨论，这对铝的生产影响非常大。

通过对断裂试验数据的解释，我们可以得出下面的结论：

（1）为了获得有代表性的关于阳极断裂特性的信息，应该至少对30个样品进行分析。

（2）最大缺陷尺寸及强度值围绕平均值呈现对称分布。所以在数量极大的情况下，高斯分布函数的有效性将会降低。韦伯函数仅是一种适合的研究手段。用韦伯模量 m 可定量分析幸存概率的变化。实际生产的炭阳极韦伯模量范围在 $m=3$（阳极性能变化大，阳极质量差）和 $m=13$（阳极性能变化小，阳极质量很好）之间。

（3）从测定断裂强度试验中单纯对比得到的数据平均值是一种误导，因为这种平均值对应的幸存概率为50%，这个数据在实践中没有意义。对于有代表性的测定数据的分析应当假定其幸存概率为98%。

（4）阳极体积对阳极性能有重要的影响。对小阳极而言，给定原料质量可能就足够了，然而对大阳极来说，用这种原料生产的阳极就会发生破坏。因此分析最终产品（即整个阳极）的幸存概率是非常必要的。这种影响的重要性随着韦伯模量的下降而不断增加。

4　抗热冲击性

4.1　热应力的来源

当将阳极放入电解槽中时，热冲击问题对预焙阳极来说是至关重要的问题。由于阳极没有预先被加热，在常温下阳极就被放入大约960℃的电解液中，随后热量开始从阳极的表面穿透进入阳极内部。根据阳极内局部温度分布，这样将使阳极产生膨胀，然后由于阳极内不同部分热膨胀的差异，从而导致了热应力的产生。

由于炭素阳极是一种脆性材料，它对热冲击非常敏感，即温度突然改变就能导致阳极遭到破坏。而在金属中，热应力的程度随着局部塑性变形而减少，而在炭素材料中，阳极的微裂纹就会开始向外扩展。当这些裂纹达到一极限长度并具备了形成裂纹链接的程度时，阳极就会发生破坏。

为了避免由于热冲击引起的材料破坏，减少热应力和增加材料抗热冲击性措施是很重要的。热应力的大小程度依赖于阳极的物理性能，阳极的大小、几何形状以及阳极周围的热场。

首先在静态条件下对给定长度 L、弹性极好的直棒进行热应力的研究（即热应力与时间无关）。假设直棒末端没有固定，温度从 T_0 升高到 T_1，直棒将会膨胀 ΔL，如图 4－1*a*、图 4－1*b*。

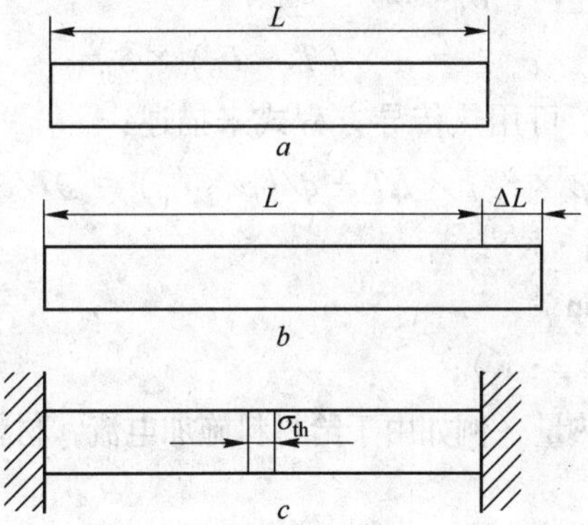

图 4－1　热应力的来源（$T_1 > T_0$）

$$\varepsilon_{th} = \Delta L / L = \alpha \times (T_1 - T_0) \tag{4-1}$$

式中　ε_{th}——热膨胀，（－）；

ΔL——棒的伸长量，m；

L——常温 T_0 下棒的长度，m；

α——线膨胀系数，K^{-1}；

T_0——棒的初始温度，K；

T_1——棒的最终温度，K。

当固定直棒的两端时（图4-1c），直棒将不能产生热膨胀，这时只能通过材料的弹性应变来补偿。

$$\varepsilon_{el} + \varepsilon_{th} = 0 \quad (4-2)$$

式中 ε_{el}——弹性应变，（-）。

从而直棒内产生了热应力：

$$\sigma_{th} = E \times \varepsilon_{el} = -E \times \varepsilon_{th} = -E \times \alpha \times (T_1 - T_0) \times f(\nu) \quad (4-3)$$

式中 σ_{th}——热应力，N/m^2；

E——杨氏模量，N/m^2；

ν——泊松比，$f(\nu)$ 与物体几何形状和加载模式有关：$f(\nu) = 1$ 为单轴应力状态；$f(\nu) = (1-\nu)^{-1}$ 为二维应力状态；$f(\nu) = (1-2\nu)^{-1}$ 是三维应力状态。[-]

式（4-3）表示：当加热时，由于物体倾向于朝约束物体反向膨胀，因而物体受到限制而产生的应力具有压缩性（σ 符号为负值）。当物体冷却时，可以产生相似的张应力。对炭阳极这样各向异性的结晶材料中，根据单个晶体（或粒子）位置的不同有不同的线膨胀系数，但是，在同一物体中这种热膨胀限制住了，这种膨胀受限也会产生应力。

通常，对给定热力和几何形状条件的物体来说，它的内部应力分布能够通过应变张量测出来：这种张量被分成弹性张量（ε_{el}）、热张量（ε_{th}）和无弹性张量（ε_{in}）三部分：

$$\varepsilon_{ij} = \varepsilon_{ij,el} + \varepsilon_{ij,th} + \varepsilon_{ij,in} \quad (4-4)$$

无弹性张量如本章3.4节中说明的，与不可逆韧性机构相对应。弹性应变部分可由如下式所示的应力张量给定：

$$\varepsilon_{ij,el} = (1+\nu)/E \times \sigma_{ij} - \nu/E \times (\sigma_{11} + \sigma_{22} + \sigma_{33}) \times \delta_{ij} \quad (4-5)$$

因此 $i=j$ 时，$\delta_{ij}=1$；$i \neq j$ 时，$\delta_{ij}=0$

$$\varepsilon_{ij,th} = \alpha \times (T - T_0) \times \delta_{ij} \quad (4-6)$$

温度分布函数 $T(x,y,z,t)$ 可用热传导方程式来描述：

$$\lambda/(\rho \times c_p) \times \Delta T + \dot{q}/(\rho \times c_p) = \partial T/\partial t \quad (4-7)$$

式中 λ——热导率，W/（m·K）；

ρ——体积密度，kg/dm^3；

c_p——质量热容，J/（kg·K）；

$\dot{q}$——材料内部产生的热量（例如由于给材料施加电流，材料产生热量），J/（m^3·s）；

t——时间，s；

在笛卡儿坐标系统中：

Δ——拉普拉斯方程的标志。

$$\Delta T = \frac{\partial^2 T}{\partial x^2} + \frac{\partial^2 T}{\partial y^2} + \frac{\partial^2 T}{\partial z^2} \quad (4-8)$$

有可能发生下列热临界条件：

（1）给定表面温度函数 $T(x,y,z,t)$；

（2）良好的绝热：即热量不会通过物体表面散失，这意味着垂直于物体表面的温度梯度为 0：

$$\frac{\partial T}{\partial n} = 0 \tag{4-9}$$

（3）给定通过表面的热量 $\dot{Q}$，$\dot{Q}$ 指单位时间内通过表面的热量；

（4）热量与环境温度 T_u 和表面温度 T_r 之差成比例关系：

$$\dot{Q} = h \times (T_u - T_r) \tag{4-10}$$

式中 $\dot{Q}$——热量，$J/(m^2 \cdot s)$；

h——热导率，与周围媒介的热学性质和传导速度有关，$W/(m^2 \cdot K)$。

通过表面的热量与表面的温度梯度有关，见下式：

$$\dot{Q} = -\lambda \frac{\partial T}{\partial n} \tag{4-11}$$

所以

$$\frac{\partial T}{\partial n} = -h/\lambda (T_u - T_r) \tag{4-12}$$

（5）由于表面温度从 T_1 到 T_2，所以物体热量散失可用下式表示：

$$\dot{Q} = \sigma^* \times \varepsilon \times (T_1^4 - T_2^4) \tag{4-13}$$

式中 σ^*——Stefan-Boltzmann 常量，$\sigma^* = 5.67 \times 10^{-8}$，$W/(m^2 \cdot K^4)$；

ε——物体间热量的有效散失率，（-）。

关于阳极特定热冲击问题，需要考虑的主要是线性热传导时的临界条件。假定热扩散系数 $a = \lambda/(\gamma \times c_p)$ 为常量，式（4-7）表示一个线性的、非均质的、具有常系数的偏导式。由于这时临界条件不稳定，并且与相变有部分联系，所以对这种特殊的、三维热传导等式进行分析非常困难（由于电解液在阳极底部周围凝固结壳）。因此采用数学方法分析这样的影响更容易。但是，结果精确度会受到所选择的假设条件的限制：材料结构不均质既影响了温度又影响了应力的分布，同时它也影响前面章节中提到的各种韧性机理。另外，还需要考虑引起电解槽内磁场变化的影响来模拟热力以及机械上临界条件。

在常规情况下，傅里叶等式（4-7）不适合测定阳极抗热冲击性工具。许多人已经设计出更高级的方案定量分析脆性材料的抗热冲击性。在过去的 30 年中，大部分研究工作都是以 Kingery（1955）和 Hasselman（1969）研究为基础上进行的。在下面的章节中将对此进行讨论。

4.2 Kingery 设计的热弹性模型

上述分析，特别是式（4-3）成为 Kingery 引入两个抗热冲击性系数 R 和 R' 的基础。通常当平板的表面被快速加热或冷却时，它的温度及应力分布出现如图 4-2 所示的情况。当对其加热时，在物体表面最大应力是一种压缩应力，而在物体的中部最大应力是张应力。当冷却物体时，在物体表面最大应力是张应力，而在物体的中部是压缩应力，也存在等于理论应力之差一半的剪切应力。在加热或冷却物体时，这些剪切应力是相等的，并且在表面这些力最大。

正如上面所说的，Kingery 证明了计算抗热应力很重要的方法就是测定某一条件下的

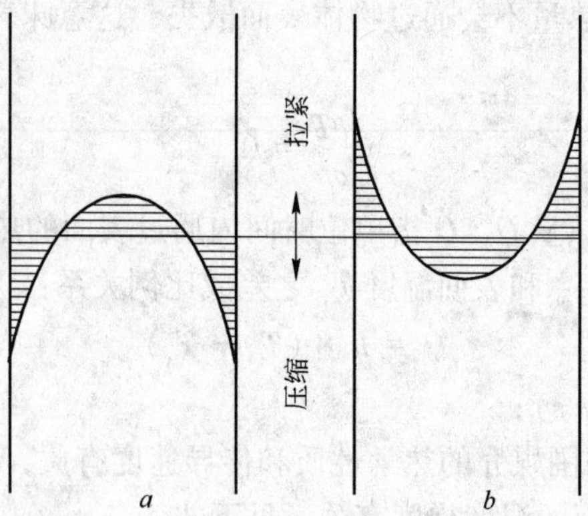

图4－2　加热和冷却时平板温度和应力分布

a—加热；b—冷却

温度分布，并依此测出了物体的抗热应力。为了方便，在特定热力条件下，产生特定断裂或一定形状的结构弱化需要引进一个因子来确定最大温差是很实用的。为了计算需要，引起应力的温度差等于使用材料的断裂能：

$$\Delta T \geqslant \Delta T_c = \sigma_t / \alpha E f(\nu) \tag{4-14}$$

式中　ΔT_c——临界温差，K；

σ_t——抗断裂强度，N/m^2。

式（4－14）的右边可以用 R 来表示，即抗热冲击系数。这个等式说明在热场稳定或者变化比较剧烈的条件下，一个物体在没有产生裂纹的情况下可以承受的最大温差。由于假定温度瞬时从 T_0 到 T_1 改变，所以参数 R 的变化非常小。在实践中，温度变化并不是那样快，它主要是一个可用无量纲毕奥数 B 来描述的临界条件问题：

$$B = (V \times h)/(S \times \lambda) = (L \times h)/\lambda \tag{4-15}$$

式中　B——毕奥数，（－）；

V——承受热冲击的物体体积，m^3；

S——穿过物体的表面积，m^2；

L——物体的形状因子：$L = V/S$，m；

h——热转换率，$W/(m^2 \cdot K)$；

λ——热导率，$W/(m \cdot K)$。

热冲击的程度与毕奥数 B 成比例，也就是说毕奥数 B 高表示在样品边界处热交换程度高。就比较轻微的热冲击而言，物体产生的热应力与毕奥数 B 成反比：

$$\sigma_t/(\alpha \times E \times f(\nu) \times \Delta T) = 常数 \times (L \times h)/\lambda \tag{4-16}$$

考虑到材料的性能，就可定义抗热冲击性 R'，R'表示在热稳定流动条件下，物体内裂纹产生前，所能承受的最大允许热量：

$$R' = R \times \lambda = (\sigma_t \times \lambda)/(\alpha \times E \times f(\nu)) \tag{4-17}$$

式中　R'——最大允许热量，W/m；

R——B 远远大于 1 时的最大允许温差，K。

将式（4－16）中的形状因子 L 代入，就可以得到轻微热冲击时的临界温差：

$$\Delta T_c = R' \times L/h \tag{4-18}$$

很明显，对用于上述分析的简单假设，抗热冲击性系数 R 和 R' 的预测能力有限。但是为了得到炭阳极被放入电解槽后（图 4-3），阳极内热应力分布的定量表示方式，可以改造热弹性模型的主要观念用于分析炭阳极的热冲击问题。

由于热量从阳极底部和边部穿透进入阳极内部，特别是由于电解系统处于一种不稳定状态时，所以阳极受到三维应力状态是非常复杂的。图 4-3 从理论上说明了阳极受到的应力分布。另外，在阳极的底面角部内，沿等温线存在着最大剪切应力。而且阳极每增加单位体积，所有存在的应力都会叠加导致产生最终结果应力。

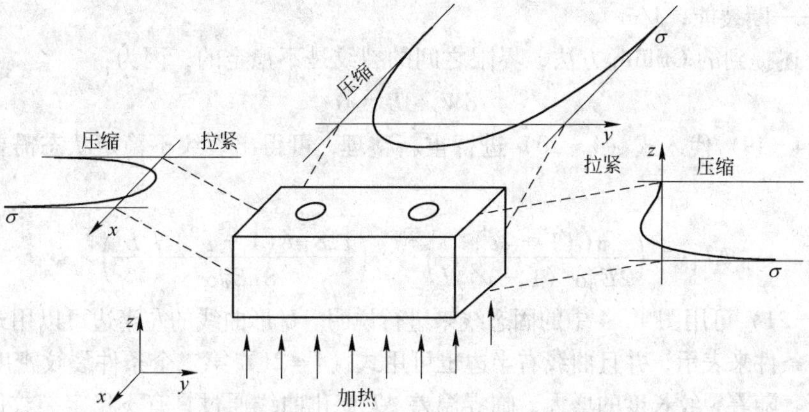

图 4-3 阳极和电解槽进行热量交换，在内部引起三维热应力分布

Kingery 的方法没有考虑材料内存在的不均质性，例如裂纹或者其他缺陷等这些对应力分布具有非常敏感的影响因素。Hasselman 考虑了这些缺陷对应力作用下脆性固体力学性能的影响，并对 Kingery 的理论做出了重大改进。

4.3 Hasselman 提出的能量法

Kingery 说明，物体抗热应力性能的方法是以热弹性理论为基础。所以，他把重点完全集中在由热冲击引起的断裂产生方面，而忽略了已存在裂纹的扩散。在早期研究成果中，Hasselman (1963) 研究了由于热应力而产生的裂纹扩展的机理，开始遇到了一些疑惑，因此他在文章中推断材料性能需求与那些需要避免断裂产生的观点的矛盾。1969 年，Hasselman 发表了裂纹力学分析一文，在文章中将断裂产生和裂纹扩展融合用于抗热冲击性的研究。

在这篇分析中，Hasselman 假设材料完全是脆性材料，并且包含格里菲斯形式的物理缺陷（如第 3 章 3.2 节所述）。而且假设释放任何形式的应力，例如不存在位错运动或黏性流动。并且假设格里菲斯微裂纹是环形裂纹，在材料中均匀分布。通过每单位体积内 N 个裂纹同时扩展，还假设裂纹扩展呈放射状产生。也假设相邻裂纹应力区域间的相互作用不存在。由固体组成的物理模型承受相同的温度改变量 ΔT，使物体外表面急剧反应产生相同状态的三维应力。

在热冲击条件下，由于存在热应力，裂纹扩展驱动力来自于物体内部储存的弹性。按照格里菲斯理论标准（Griffith，1920），若这种储存的弹性能大于表面裂纹能，那么物体就会发生裂纹扩展，并且继续扩展，直到弹性应变能和表面裂纹能之间达到平衡时为止，每单位体积的总能量 W_t 等于弹性能加上断裂能之和。按照 Walsh（1965）理论研究表明，

W_t 为：

$$W_t = \frac{3(\alpha\Delta T)^2 E_0}{2(1-2\nu)} \times \left(1 + \frac{16(1-\nu^2)NL^3}{9(1-2\nu)}\right)^{-1} + 2\pi NL^2 G \tag{4-19}$$

式中 W_t——每单位体积总能量，J/m^3；

E_0——材料不开裂的杨氏模量，N/m^2；

N——每单位体积裂纹数目，m^{-3}；

L——裂纹长，m；

G——断裂能，J/m^2。

按照上述提到的 Griffith 方法，界限之间的裂纹是不稳定的，因为：

$$dW_t/dL = 0 \tag{4-20}$$

将式（4-19）代入式（4-20）进行重新整理，可得出裂纹不稳定状态需要的临界温差 ΔT_c：

$$\Delta T_c = \left(\frac{\pi G(1-2\nu)^2}{2E_0\alpha^2(1-\nu^2)L}\right)^{\frac{1}{2}} + \left(\frac{128\pi G(1-\nu^2)N^2L^5}{81E_0\alpha^2}\right)^{\frac{1}{2}} \tag{4-21}$$

式（4-21）可用图4-4中的固态线来进行说明。U 形曲线的左半边可以用式（4-21）中的第一个条件来表示，并且曲线右半边也可用式（4-21）第二个条件裂纹密度 N 的影响来进行论证。随着裂纹长度的增大，临界温差 ΔT 变化曲线通过具有不稳定裂纹区域的最低处，然后以两条裂纹长度线为界。这种特性与具有常负载的 Griffith 标准形成鲜明对比：格里菲斯标准以一条裂纹长度值为界，当裂纹长度超过此值，裂纹就会发展成为灾难性的裂纹扩展。

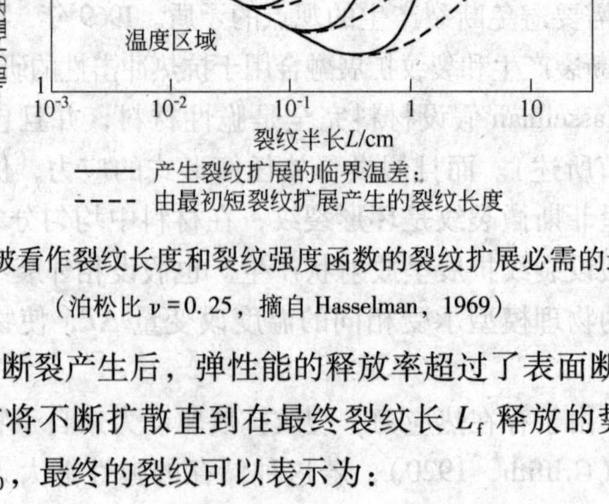

图4-4 产生被看作裂纹长度和裂纹强度函数的裂纹扩展必需的最小热应变

（泊松比 $\nu=0.25$，摘自 Hasselman，1969）

对于最初的短裂纹，断裂产生后，弹性能的释放率超过了表面断裂能。多余的能量转化为扩展裂纹的动能，它将不断扩散直到在最终裂纹长 L_f 释放的势能等于表面断裂能，对最初短裂纹 L_0，$L_f \gg L_0$，最终的裂纹可以表示为：

$$L_f = \left(\frac{3(1-2\nu)}{8(1-\nu^2)L_0N}\right)^{1/2} \tag{4-22}$$

在图 4-4 中，用虚线表示式（4-22），它指出除了与泊松比有点联系外，对于初期短裂纹，裂纹扩展的程度与材料的性质无关，并且裂纹密度和裂纹初期大小成反比。

Schubert *et al.*（1986）通过试验研究成功地发现了不稳定和稳定的裂纹扩展。最初由 Sato（1975，1978）设计的热冲击盘测试方法已经被修改使用移动电子束作为加热源。图 4-5 说明临界加热能和最终裂纹长（*a*）与标准能量释放率和最终裂纹长度（*b*）有关，试验证明上述提到的 Hasselman 理论需要考虑的事项非常好：小裂纹 x_0 最初是不稳定生长。所以不管材料的其他性能如何（假设形成了稳定的温度氛围），最终裂纹长度唯一依赖于最初裂纹长度。假设两个样品材料不同但初始裂纹长度相等，那么两者临界加热能将会不同，但它们的最终裂纹长度位于相同限制范围内。结果初始裂纹越小，最终裂纹越大。

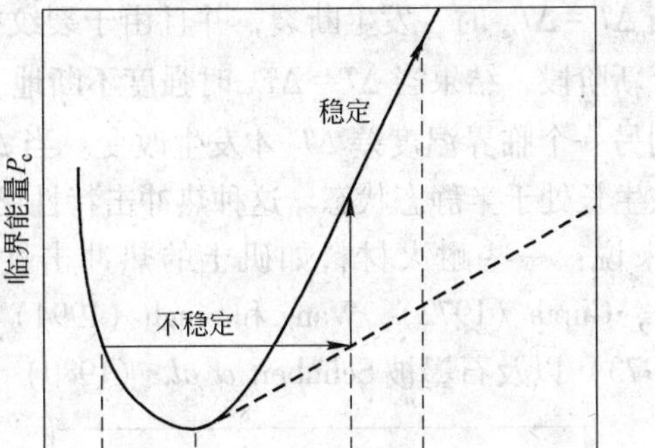

图 4-5 加热能量和能量释放速率来说明不稳定和稳定的裂纹扩展

（继 Schubert *et al.*，1986 之后）

a—加热能量；*b*—能量释放速率

对于不稳定的裂纹扩展，最终裂纹的长度依赖于能量释放过多的地方。若它被弹性波成功克服，并且转变为热量消失，那么在 X_u^- 处，能量释放降低到临界值 G_c 以下，裂纹停止了扩展。在其他的极限位置，若它完全被扩展着的裂纹代替，那么后者就可以到达比 X_u^+ 远的距离，这要受在临界值 G_c 上下同等面积的决定。实际值在两者之间。

所以：能量散失 $X_u^- < X_u < X_u^+$ 能量守恒

最初大裂纹（也就是 X_u，图 4 - 5*a* 中超过曲线最小值 X_m 的裂纹）稳定生长，因此最终裂纹长度不再依赖最初裂纹长度，但是唯一依赖于加热能量。图 4 - 5*b* 说明了热量增加的情况下，不稳定和稳定的裂纹扩展演变情况：在经过不稳定的扩展之后，通过从 P_1 到 P_2 增加加热能量只产生裂纹进一步的生长（Pompe *et al.*，1993）。

在实践中应用本理论，要进行评估作为温度增加量 ΔT 函数（图 4 -6*a* 和 *b* 中图例所示）的预期裂纹长度的相对变化和相应脆性材料的强度变化。假设图 4 - 4 中材料稳态曲线最小值的左边有裂纹，因此当断裂产生时，裂纹既动态又类似静态地进行扩散。正如前面所证明的，最小温度差 ΔT_c 是产生裂纹所必要的。结果温度在 $0 < T < T_c$ 的范围内变化时，期望裂纹长度或强度没有改变。当 $\Delta T = \Delta T_c$ 时，发生断裂，并且由于裂纹扩展动力学特性的影响，裂纹长度同时变化达到一个新阶段，结果当 $\Delta T = \Delta T_c$ 时强度不断地下降。随着 ΔT 的进一步增加，裂纹长度和强度直到另一个临界温度差 $\Delta T_c'$ 才发生改变。当 $\Delta T > \Delta T_c'$ 时，随着 ΔT 的增加，强度逐渐降低，裂纹生长处于半静态状态。这种热冲击特性已经通过对许多脆性材料进行试验所证实了。举例来说：一些耐火材料如矾土的热冲击性被 Nakayama 和 Ishizuka（1966），Hasselman（1970），Gupta（1972），Wang 和 Singh（1994）所证实；金刚砂的热冲击性被 Coppola 和 Bradt（1973）以及石墨被 Schubert *et al.*（1980）证实。

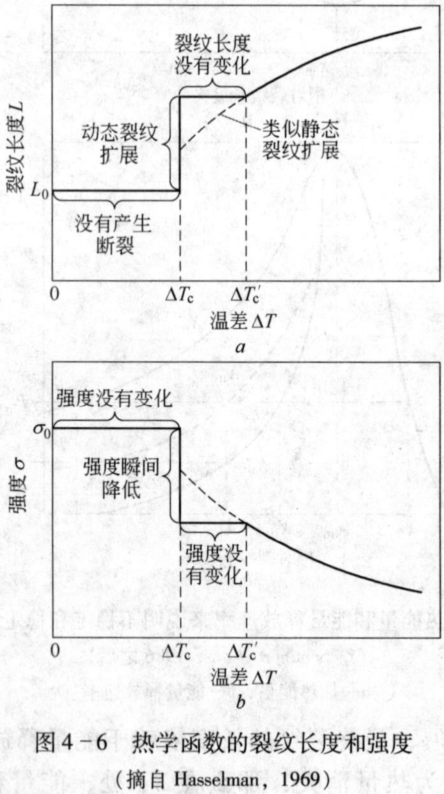

图 4 - 6 热学函数的裂纹长度和强度

（摘自 Hasselman，1969）

根据上述原理，我们可以得出以下结论：

（1）初始裂纹长度越小，初始强度越大；相应的，最小温度差 ΔT_c 越大是产生裂纹所必须的条件。

（2）热冲击后，强度下降随着初始强度的增加而增加：热冲击发生后，初始强度大，导致强度下降也大（也就是达到温度 ΔT_c 之后）。

（3）材料性能的设计标准依赖于热冲击的严重程度：在第一个方案中，通常应该避免由于热冲击而引起的断裂。因此需要材料的初始强度 σ_0 大（也就是初始裂纹小）。但是，如果由于热冲击严重，不能避免产生断裂的话，那么由于材料在受到热冲击后，剩余的强度较大，采用初始强度 σ_0 低的材料是可取的，如图 4-7 所示（该图的说明，摘自 Hasselman，1977 的试验数据之后）。有必要说明的是：以可能开裂特性为基础的这种设计标准是整个工程学领域中独一无二的设计。

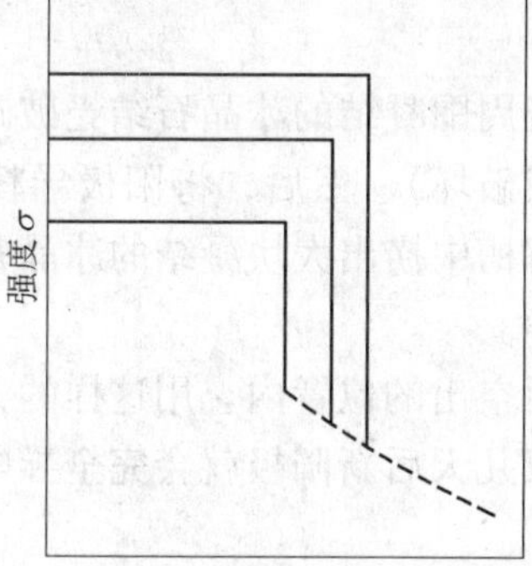

图 4-7　不同初始裂纹长度和强度的材料受到热冲击后的剩余强度
（根据 Munz 和 Fett，1989 的研究）

（4）Hasselman（1977）在调查报告中对有关裂纹难以控制方面的问题进行了推断：热冲击性高，断裂起到的作用大而且是强制性的。这一点可以通过材料产生最初裂纹后，接着微观结构使材料产生了更大程度的二次裂纹扩展。因此，材料的微观结构包含的缺陷密度必须高。

Sato（1988）也完成了类似的调查研究报告，在文中他重点强调了上述发现。他通过放电加热法研究了焦粒大小对石墨电极抗热冲击性能的影响，发现位于 250μm 和 300μm 之间的这种最佳颗粒既有抗热冲击性（也就是开始裂纹）又有抗热冲击断裂韧性（也就是裂纹扩散）。这种颗粒与图 4-4 中曲线的最低点相对应。这意味着材料在低温差时早已发生破坏了，但是由于裂纹扩散是稳定的，这种材料破坏对断裂行为不产生有害的影响。

迄今为止，我们已经说明了脆性材料受到热冲击时的情况。但是，当要确定预焙阳极的抗热冲击性能时，需要重新考虑一些已经被应用的简单假设。按照 Hasselman 的分析，所有裂纹都被假设具有均匀的大小。这种假设对于具有不均一微观和宏观结构的炭阳极来说不一定适合，因为阳极原料颗粒大小分布覆盖从几微米到大约一厘米的范围很广。

由于现今仍然没有令人满意的技术以一种非破坏的方式用于测定材料内的缺陷大小分布，所以我们必须使用理想化的模型来作近似的估计。布尔分布函数经验方程式（如第 3 章 3.6 节所述）已用许多脆性、非均质固体的断裂行为证明了它的有效性。在第 5 章中，我们将会引入这个模型用于描述预焙阳极的抗热冲击。

4.4　阳极的抗热冲击性

4.4.1　关于电解槽中阳极抗热冲击的基础知识

随着电解槽中预焙阳极在电解过程被消耗掉，因此电解生产需要有规律地定期更换阳极。典型情况下，阳极放入槽中大约使用24~28天就要进行更换一次。换极方式既依赖于阳极的原始尺寸，又依赖阳极在电解槽内的消耗数据。根据电解质水平高低、炭碗深度以及可能使用保护钢爪免受冰晶石（Na_3AlF_6）化学侵蚀的炭环等不同情况，阳极使用后剩余总高约15cm左右。在电解槽中常常使用许多块阳极，根据制定的换极表来确定电解槽每天需要更换哪些阳极。

阳极更换之前，需要将阳极周围凝结的冰晶石结壳破碎掉（否则的话当从槽中拔出阳极时，它会对使用过的阳极造成破坏）。然后，将阳极导杆的卡具打开，用天车将整块阳极运走。通常，这时需要从电解槽中捞出大块凝结的冰晶石以及可能因破碎而掉入槽内的残极碎块，以使电解质清洁干净。

将新阳极放置在拔出残极后空出的位置内。用这样的方式对新阳极进行定位：它的底掌稍微高于周围阳极的底掌。仅几天后新阳极就会完全导电工作，到那时候电解槽将会自动调整极距。

新阳极下部较低部分直接浸入温度为960℃的电解槽中。由于阳极在使用前没被提前预热，所以它的初始温度等于外界室温。一开始由于电解槽和阳极之间温差大，从电解槽到阳极的热量传导非常大。但是这种集中热交换使冰晶石在阳极的周围冷却成一层外壳，并最终形成一个结壳覆盖在浸入电解槽内整个阳极上。这种结壳隔绝热量，因此大大减少了电解液与阳极之间的热传导。因为冰晶石的结晶点大约为850℃（根据电解槽内加入添加剂的不同），所以几乎在阳极浸入槽内电解质的同时就形成了结壳。根据槽内电解质的波动（由于槽内磁场作用）和新阳极在槽内的位置不同，电解质结壳在阳极底面边部保持几天。当然阳极的物理性能也会影响硬壳的存在。Odegard *et al.*（1992）实地观察了新放置阳极周围电解质凝结层的情况。他发现槽内硬壳在阳极的底部形成比在阳极的侧部形成更为明显，这可能是因为在阳极侧部的电解质对流运动有更大一些影响。阳极底部凝结层的最大厚度与极距大小相对应，而阳极侧部电解质结壳就很薄，一旦阳极的表面温度达到冰晶石的熔点，结壳就熔掉了。对于侧部，发生这种情况就会更快些。也就是换极90min后，就观察不到阳极侧部有凝结层了。对底部来说，换极4h后从阳极角部电解质结壳就开始显著减少，15h后大部分外壳就熔掉了。

浸入的阳极直接暴露在液体电解质中。理论上进入阳极的热流将显著增加，但是由于电解槽和阳极表面之间保持的温差相对较小，所以两者以同样的温度进行热交换。根据电解槽的情况不同，直到阳极达到热平衡为止，这种情况会持续5天。

根据大量实际观察，阳极受热冲击而引起断裂，通常发生在阳极放入槽内的第一个小时内。这个时间与阳极侧部电解质结壳熔化的时间一致。然后大量热量从侧部穿透进入阳极内部。因为，通常在电解质表面和电解槽上部结壳之间（如图4-8所示）有一段间隔，所以受到热辐射的作用加强。Odegard *et al.*（1992）已经说明这种热辐射程度非常显著，一定不能忽略。

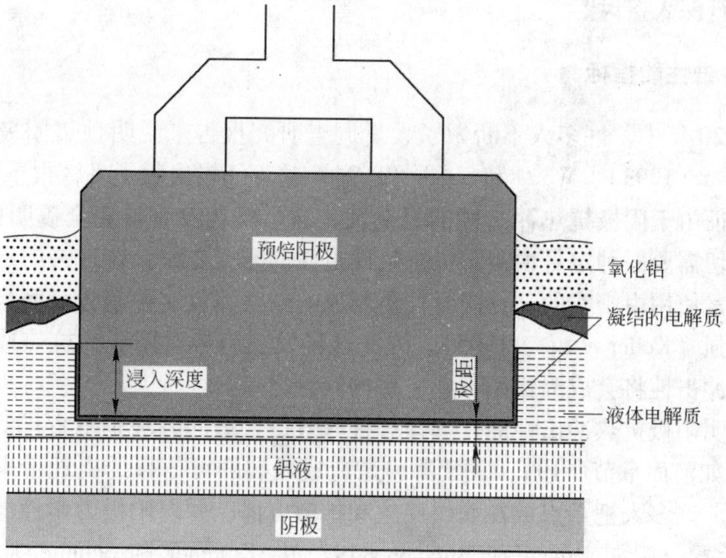

图 4-8　新放置在电解槽内的预焙阳极

由此我们可以得出结论：换极后早期从侧部进入阳极内的热量要比从底部进入阳极内的热量多。这些考虑肯定了 Schneider 和 Coste（1993b）的发现：他们发现阳极底部的最大温度梯度（从而产生热应力）要比阳极侧部表面的最大温度梯度更大些。正如第 4 章 4.2 节中已经说明的，按照物体每单位体积热膨胀的不同，“加热”热冲击使物体内产生张力，在物体的表面产生压力。由于抗压强度比张力强度大 8 ~ 10 倍，因此阳极对受到的张力更敏感些。所以热冲击而形成的裂纹是在阳极内部引起，在那里张力最大。

在对结壳形成观察的基础上，我们可以看到阳极底面角部要承受更大升温速率，因此可以得出角部是热应力最大的地方。与 Schneider 和 Coste（1993 b）用热机械 FEM 模型对阳极中进行热冲击研究得出的结论一致。

在实践中，我们可以观察到如图 4-9 所示的阳极有 3 种不同类型的裂纹形状。

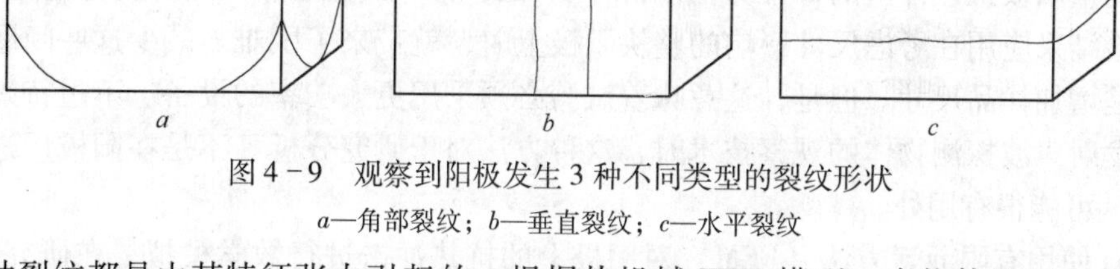

图 4-9　观察到阳极发生 3 种不同类型的裂纹形状

a—角部裂纹；*b*—垂直裂纹；*c*—水平裂纹

每种裂纹都是由其特征张力引起的。根据热机械 FEM 模型，当物体通过一临界应力时，裂纹在垂直于张应力面方向上就开始产生。临界张力依赖于材料的性能。

通过对阳极抗热冲击的分析，我们注意到阳极角部中产生的最大热应力是很重要的。若它超过阳极的承受能力，阳极就会产生角部开裂。在电解槽内阳极垂直和水平开裂通常都伴随有其他对热冲击作用的影响共同造成的结果。所以，只有角部裂纹被视为完全由阳极热冲击造成的破坏。下面将更详细的研究导致角部开裂的机理，而在第 5 章将会对垂直和水平开裂进行深入探讨。

4.4.2 抗热冲击性能指标

在过去的20 年中，许多人不断做了大量调查研究报告来说明预焙阳极的抗热冲击性能。Rezakhanlou（1993）、Wang 和 Singh（1994）整理编辑出版了一篇很重要的论文摘要。然而，经过验证由于阳极抗热冲击性的复杂性，这个问题没有被完全搞明白。另一方面，工业上不断迫切需要一种定量说明阳极抗热冲击性的测量方法。在过去的十年中我们已经观察到铝用炭素使用由密实的、各向异性焦制成的较大阳极这种趋势，而且将来这种趋势还会进一步加强（Keller *et al.*，1995）。因此这种发展趋势对阳极的抗热冲击有很强的负面影响。抗热冲击性将会成为铝用工业主要的问题之一。

我们要说明阳极抗热冲击性能，选择一种有效、合适的方法是不容易的。由于这种断裂行为独特（如前面章节所述），关于哪种是造成断裂的可信赖的机理带来的混乱会导致各种矛盾结论。许多人把重点放在裂纹产生和扩散方面，并以阳极力学性能为基础提出了一种理论指示器。例如 Brown 和 Rhedey（1975），Kummer 和 Schmidt-Hatting（1990），Schneider 和 Coste（1993a），Sato *et al.*（1975，1978）研究出一种直接测定炭阳极热冲击倾向性的测试技术。从中部加热一圆盘状试样，直到在圆盘的外部圆周中产生的张应力使圆盘形成发散状裂纹。几位研究者使用 Sato 的这种技术，对不同变量进行了研究，主要的区别是试验加热方式不同。Bigot（1990），Schneider 和 Coste（1993a）和 Liu *et al.*（1995b）采用与 Sato *et al.*（1975，1978）使用相似的电弧放电法加热。而 Log *et al.*（1992）使用电流加热，Schubert *et al.*（1986）使用电子束加热。Cook（1993），Schneider 和 Coste（1993b）和 Liu *et al.*（1995b）近期使用有限元模型研究阳极的热冲击问题。

所以，有 3 种方法用于说明预焙阳极的抗热冲击性能：

（1）从与阳极相关的力学性能得到阳极抗热冲击性能指标。由于通常情况下已经在常规条件下测定出阳极力学性能，所以这种技术的优点容易得到。但是由于问题复杂，通过考虑具有非均质微观和宏观结构的阳极的所有不稳定边界条件和其特有的断裂机理，仍然不可能得出一种适当的解决热传导等式的办法。

（2）在阳极样品上进行直接的热冲击试验。然而上述提到的技术中没有一种直接的方法成为测量阳极抗热冲击的标准方法。除了详细地说明试验之外，试验设备也是必要的。当将试验结果应用在考虑尺寸影响的整块阳极上时，就带来了困难。减少这些问题的方法之一就是增加样品尺寸。但是，这意味着试验必须采用更大功率的设备。不过特别是当采用例如发射声波探测物体的观察技术时，这种方法对于研究分析（不是在阳极厂进行的常规测量）可能很有用处。

（3）使用有限元素方法（FEM）对阳极上的抗热冲击进行数学模拟。在研究领域中，这种技术已被证明具有理论研究上的优点。但是在实践中应用到常规质量控制时，由于这种技术需要功能强大的硬件和软件设备以及培训好的程序和操作人员，因而付出的代价非常高。用这种方法得到的结果其精度主要受所假设的理想化边界条件的影响。

很明显，阳极的抗热冲击性指示器需要满足多方面的需求。正如前面章节提到的，电解槽的情况对热冲击的程度有重要的影响，因此需要考虑这一点。关于阳极的特性而言，我们需要考虑下面3个因素的影响：

1）在热作用下特有的断裂机理；

2）由于微观和宏观结构不均一，而得出的统计缺陷分布；

3）阳极尺寸。

4.4.3 物理推导阳极抗热冲击指数 *TSR*

当加热固体温度从 T_0 到 T_1 时，假定物体两端没有受到限制，它将会产生膨胀：

$$\varepsilon_{th} = \alpha \times (T_1 - T_0) \tag{4-23}$$

式中 ε_{th}——热膨胀，（－）；

α——线膨胀系数，K^{-1}。

若物体由于受到外部约束没有发生热膨胀，那么弹性应变必须补偿热膨胀。从而产生的热应力为：

$$\sigma_{th} = -E \times \varepsilon_{th} = -E \times \alpha \times (T_1 - T_0) \times f(\nu) \tag{4-24}$$

式中 σ_{th}——热应力，N/m^2；

E——杨氏模量，N/m^2；

ν——泊松比，$f(\nu)$ 视物体的几何形状及其受到的载荷类型而定：单轴应力状态 $f(\nu) = 1$；三维应力状态 $f(\nu) = (1-\nu)^{-1}$；二维应力状态 $f(\nu) = (1-2\nu)^{-1}$，（－）。

当阳极被浸入电解槽中时，在其角部出现三维应力状态，所以这时 $f(\nu) = (1-2\nu)^{-1}$。重新对式（4－24）进行整理，可以得出一定发生材料断裂的临界温度差 ΔT_c，如下式所述：

$$\Delta T_c = \frac{\sigma_c(1-2\nu)}{\alpha \times E} \tag{4-25}$$

式中 σ_c——裂纹应力，N/m^2。

为了确定热冲击的严重性对阳极造成的程度，我们需要考虑阳极热传递的情况以及阳极的几何形状。所以，ΔT_c 也是无量纲毕奥数 B 的一个函数，它被引入作为进入阳极内的热量的一个量度（见式4－15）。由于阳极周围形成的结壳具有隔热效果（见第3章），因此假设毕奥数较小。对于毕奥数较小来说（也就是轻微的热冲击），ΔT_c 和 B 成反比（Munz和Fett，1989），所以：

$$\Delta T_c = \frac{\sigma_c(1-2\nu)\lambda}{\alpha \times E \times L \times h} \tag{4-26}$$

式中 L——阳极浸入电解质的深度，m；

h——来自电解槽通过冰晶石外壳进入阳极内的热传递率，$W/(m^2 \cdot K)$；

λ——阳极的热导率，$W/(m \cdot K)$。

为了考虑热作用下阳极特有的断裂机理，我们需要引入格里菲斯缺陷。在Hasselman的图表中（见图4－4），格里菲斯缺陷的尺寸与材料特征曲线的最小值相对应。用应力强度因子 K_I 确定垂直于裂纹顶部的张应力。当 K_I 达到临界值 K_{IC} 时，将会开始产生导致阳极完全破坏的不稳定裂纹生长。K_{IC} 被认为是断裂韧性，用于描述说明的抗不稳定裂纹扩展的阻力：

$$K_{IC} = \sigma_c \times \sqrt{\pi a} \times Y \tag{4-27}$$

式中　K_{IC}——裂纹韧性，$N/m^{\frac{3}{2}}$；

a——特征裂纹长度（通过格里菲斯缺陷推导出来的），m；

Y——依赖物体几何形状和载荷类型的无量纲函数，(-)。

对于气孔相对较多的材料，比如炭阳极，通过试验测定断裂韧性是很困难的。但是，我们可以通过测量断裂能 G 间接测出断裂韧性（Irwin，1948）：

$$K_{IC}^2 = 2 \times G \times E \tag{4-28}$$

式中　G——断裂能，J/m^2。

正如已经在第3章3.6节讨论过的，非均质微观结构的材料，它的缺陷大小分布范围较广。因此物体的一些力学性能，例如抗弯强度和断裂能都围绕平均值不对称分布。完全凭经验得出的韦伯分布函数已被证明是一种描述断裂能变化性的、合适的手段。由于在高斯分布曲线末端临界区域对称分布会导致错误发生，所以使用标准偏差应用高斯分布函数不能得到令人满意的结果。

在实验室样品试验的基础上得到的结果，以最弱连接模式为基础的韦伯概念用于预测整块阳极的幸存概率有很大的作用。将最弱连接理论应用到一个简单的链状模型可以论证所谓的体积影响效果（见第3章3.6节）：一条承受张力的链条在它连接最弱的地方断裂。当对折断部分进行重新测试时，结果这些部分的强度比原来强度更高，这是因为连接最弱的地方已经被消除了。类似情况，整块阳极的断裂能 G_{Anode}（对于给定体积 V_{Anode}）要比从阳极中（给定体积 V_{sample}）钻取的样品芯的断裂能 G_{sample} 小：

$$G_{Anode} = G_{sample} \times (V_{sample}/V_{Anode})^{1/m} \tag{4-29}$$

式中　G_{Anode}——整块阳极的特征断裂能，J/m^2；

G_{sample}——样品芯的特征断裂能，J/m^2；

V_{Anode}——由于热冲击受到应力的阳极体积，m^3；

V_{sample}——用于断裂能测试的样品芯的体积，m^3；

m——韦伯模量，(-)。

式（4-27）、式（4-28）适用于式（4-26）。式（4-30）表示阳极的抗热冲击性 TSR，它可以被解释为一个无量纲安全系数。TSR 被定义为临界温度差 ΔT_c 之间的比率，在这一点材料一定发生破坏，并且为阳极被放入槽中后阳极内部的实际温度差：

$$TSR = \sqrt{\frac{2 \times G \times (V_{sample}/V_{anode})^{1/m}}{\pi \times a \times E}} \times \frac{2\lambda \times (1-2\nu)}{\alpha \times L \times h \times \Delta T} \tag{4-30}$$

式中　TSR——阳极的抗热冲击性，(-)；

ΔT——槽温和阳极放入电解槽前，两者之间的温度差，K。

阳极内相应产生临界热应力的温度梯度，不能被直接测量出来。但是它是电解槽和阳极之间温度差 ΔT 的一个函数（易测量）。放入槽内，由于 ΔT 充当驱动力，对于 TSR，形成临界热应力的相应温度梯度被假设为 ΔT 的一半。

由于 TSR 被定义为非线性安全系数，实际应用如下：

$TSR > 1$	阳极受到热冲击不产生破坏
$TSR < 1$	阳极受到热冲击产生破坏

正如前面指出的：阳极抗热冲击性低主要会导致产生角部裂纹。如果我们提前观察到阳极发生了垂直开裂（并且没有或几乎没有产生任何角部裂纹），那么这种开裂就不是主要由热冲击引起的，而是由阳极棒-炭块连接或者钢爪连接等结合产生的问题。在第5章中将会对阳极不同的开裂进行详细的分析。

4.4.4　实践中测定 *TSR* 指标

在常规质量控制中，我们可以测量与阳极抗热冲击性（式4-30）有关的大部分影响因素。下面列举了在式（4-30）中使用的所有影响因素的一个详细目录，其中包括使用的测量方法以及在实践中发现的数据代表性的范围。

4.4.4.1　G（J/m^2）试样特征断裂能

按照第2章2.3.7节描述的方法，我们在有凹口的阳极芯上可以测出它的断裂能。为了得到有代表性的统计结果，每批阳极中至少要测量30个样品，这种做法非常重要。根据得到的结果，建议使用韦伯分布函数法测出与阳极幸存概率98%对应的特征断裂能(也就是我们能接受样品2%的失败概率)。关于韦伯函数在实践中的应用，我们已经在第3章3.6.2节中进行了详细说明。

典型值：$G = 190J/m^2$

范围：$G = 92 \sim 225J/m^2$

4.4.4.2　m（-）韦伯模量

为了使结果更具有代表性，我们应该从抗弯强度数据中得到韦伯模量（见第2章2.3.3节），而不是按照第3章3.6.2节中所述程序中的断裂能数据。原因是物体体积越大，试验时它需要承受的负载越大。在这种情况下，我们能更容易分辨宏观裂纹，并且它能被证明具有低韦伯模量［由于试验性质不同，抗折强度试验测量物体（三维）体积，而断裂能测量物体（二维）表面积］。

典型值：$m = 8$

范围：$m = 3 \sim 13$

4.4.4.3　V_{sample}(m^3) 抗折强度试验时，承受应力的样品芯体积

V_{sample}由试验装置布局以及样品尺寸给出。在本书中我们使用了（第2章2.3.3节）跨度为100mm，三点式试验装置（如图2-10）。圆柱形样品芯标准尺寸为：长130mm、直径50mm。如果抽样和试验过程是在有规律（标准状态）情况下完成，那么V_{sample}不变。

典型值：$V_{sample} = 1.57 \times 10^{-5} m^3$

4.4.4.4　V_{anode}(m^3) 由于热冲击而承受应力的阳极

V_{anode}代表热应力达到最大时和阳极最可能发生裂纹时的体积，它是阳极底部表面积和浸入

槽内深度的一个函数（见图4－8）。我们假定阳极从底部直到高于电解质水平100mm都承受的热应力是比较危险的。因此，根据下式我们可以得到V_{anode}：阳极长度×阳极宽度×（100mm＋阳极浸入深度），阳极典型尺寸为：长1400mm，宽720mm，浸入深度通常约为150mm。

典型值：$V_{anode}=0.25m^3$

范围：$V_{anode}=0.07\sim0.50m^3$

4.4.4.5 a（m）特征裂纹长度（Griffith 缺陷）

特征裂纹长度对应图4－4和图4－5中所示的Hasselman图表中曲线的最低点。可以通过测量气孔大小分布测出特征裂纹长度。然后，裂纹长度a由气孔大小分布曲线上的最大值给定。对阳极材料来说，这个最大值约为20μm，那么使用水银气孔测定仪就受到了限制。所以我们建议使用计算机图像分析技术（CIA，如第2章2.2.1节所述）来测定阳极气孔大小分布。

典型值：$a=20\times10^{-6}m$

范围：$a=(15\sim30)\times10^{-6}m$

4.4.4.6 $Y(-)$ 根据物体几何尺寸和所受负载类型而定的无量纲函数

Y是与承受应力的阳极尺寸有关的裂纹长度函数。这个函数本身非常复杂，因为它由两个条件构成，这两个条件随裂纹长度变化而变化，并且难以测出：Compliance（见第3章3.2.3节和3.3.1节）和裂纹扩展几何形状的发展。但是施加载荷最大时，函数Y达到最小（Munz和Fett，1989）。所以在式（4－30）中，对于最小值Y可设为常量。对于表面粗糙的、边部没有修整的（会导致Y值较大）以及表面特别光滑、角部圆形的（会导致Y值较低）阳极来说，Y值偏离典型值也是正常的。

典型值：$Y=8.0$

范围：$Y=7.0\sim9.0$

4.4.4.7 $E(N/m^2)$ 杨氏模量

杨氏模量（也可以称为统计弹性模量）是按照第2章2.3.5节静态弹性模量中所描写的方法测出的。由于物体结构性能的变化也已被考虑到韦伯模量中，那么试验数据的平均值可被引入式（4－30）中。

典型值：$E=4.5\times10^9N/m^2$

范围：$E=(3.5\sim5.5)\times10^9N/m^2$

4.4.4.8 $\nu(-)$ 泊松比

当一个物体承受导致物体发生伸长的张力时，它的直径减少了$\Delta d=d-d_0$，因此根据$\varepsilon_t=\Delta d/d$可以得到剪切应变ε_t，如下所示纵向和横向应变之间的联系：$\varepsilon=-\nu\times\varepsilon_t$。按照第2章2.3.6节中的所述方法可以测量出动态杨氏模量E_{dyn}和剪切模量G_{dyn}来得到泊松比ν。这些系数之间的相互联系如下：$\nu=(E/(2G))-1$（Spinner和Tefft，1961）。对于阳极来说，我们早已发现泊松比变化非常小。为了简单起见，在式（4－30）中假设ν为常量，而不是对每批阳极都要测量它的 ν 值。

典型值：$\nu=0.10$

范围：$\nu=0.05\sim0.20$

4.4.4.9　λ(W/m·K) 热导率

热导率是通过第 2 章 2.3.9 节中所述方法测定的，在式（4－30）中使用试验数据平均值。

典型值：$\lambda=4.0$　W/(m·K)

范围：$\lambda=3.0\sim5.0$　W/(m·K)

4.4.4.10　$\alpha(K^{-1})$ 线膨胀系数

线膨胀系数是按照第 2 章 2.3.8 节中所述方法测得的，式（4－30）中引入试验数据平均值。

典型值：$\alpha=4.0\times10^{-6}K^{-1}$

范围：$\alpha=(3.0\sim5.0)\times10^{-6}K^{-1}$

4.4.4.11　L(m) 浸入深度

L 是从 Biot number 中推导出来的，代表测量表面的特征长度。对阳极来说，L 可被解释为阳极在电解液中的浸入深度（见图 4－8）。

典型值：$L=0.15$m

范围：$L=0.075\sim0.25$m

4.4.4.12　h(W/m^2·K) 从电解槽内通过电解质结壳进入阳极内部的热传递率

由于我们不可能直接测量热传递率，因此必须根据对电解槽情况进行的估计来测出它。必须考虑包括由于磁场和铝液以及电解质的流动等因素的影响。影响热传递率最显著的因素是阳极周围存在绝热的电解质结壳。在标准条件下，我们可以假设存在阳极结壳。

典型值：$h=17.5$ W/(m^2·K)

范围：$h=10\sim50$ W/(m^2·K)

4.4.4.13　ΔT(K) 阳极放入槽之前，电解质温度和阳极初始温度之差

ΔT 可被视为发生热冲击的驱动力。典型情况下，电解槽内电解质温度为 960℃，阳极温度常温为 20℃。由于电解质和阳极温度都会发生改变，因此得出的 ΔT 会发生偏离。通过控制极距、槽底铝液水平和电解槽结壳上覆盖的氧化铝数量来控制电解槽的温度。若以上这些条件没有控制好，电解槽就不再处于热平衡状态，这样可能造成电解槽出现严重干扰，从而影响铝的生产。所以必须指出电解槽温度增加会对阳极周围的结壳形成有影响，并因此影响热传递率 h。由于电解槽温度用常规手段就可以进行监控，因此我们可以很容易的测出来。特别是在四季分明的季节中（如寒冷的冬季和炎热的夏季），放入电解槽前，阳极温度变化也非常显著。

典型值：$\Delta T=940$K

范围：$\Delta T=750\sim1050$K

为了更好地理解工业生产中的阳极热冲击问题，我们进行了集中和深入的调查研究。有来自全世界十家公司参与了本次调查研究。每家公司都提供了预焙阳极样品芯用于R&D公司进行分析，并汇总形成了与热冲击有关的性能的数据库。附录C给出了整个调查结果。下面对结果进行了总结。

为了实践应用的需要，根据阳极受到热冲击后而没有发生裂纹这一典型数据库为基础，采用百分比来表示 *TSR* 是很方便的。表4-1说明了与 *TSR* 测定有关的所有影响因素。对于值1，结果 *TSR* =1.62 表示62%的安全度，这时热冲击破坏就会发生。我们为了比较每个影响因素的相对重要性，将用典型值计算出 *TSR*（也就是1.62）作为标准100%。我们在实践中发现每个影响因素和它对 *TSR* 的直接影响范围比这更大些。

表4-1 作为 *TSR* 的函数，检查相关参数的典型值及其对抗热冲击指数影响范围

因素	典型值(*TSR*)/%	最差情况下 典型值(*TSR*)/%		最好情况下 典型值(*TSR*)/%	
$\alpha/10^{-6}\mathrm{K}^{-1}$	4.0 →	5.0	80	3.0	133
$E/10^{9}\mathrm{N\cdot m^{-2}}$	4.5 →	5.5	90	3.5	113
$G/\mathrm{J\cdot m^{-2}}$	190 →	92	70	225	109
$m/(-)$	8.0 →	3.0	36	13.0	126
$\nu/(-)$	0.10 →	0.10	100	0.10	100
$\lambda/\mathrm{W\cdot(m\cdot K)^{-1}}$	4.0 →1.62	3.0	75	5.0	125
$a/10^{-6}\mathrm{m}$	20 →~	30	82	10	115
$Y/(-)$	8.0%→100%	9.0	89	7.0	114
L/m	0.15 →	0.25	59	0.075	205
$V_{\mathrm{anode}}/\mathrm{m}^3$	0.25 →	0.50	96	0.07	108
$V_{\mathrm{sampe}}/10^{-5}\mathrm{m}^3$	1.57 →	1.57	100	1.57	100
$h/\mathrm{W\cdot(m^2\cdot K)^{-1}}$	17.5 →	50	35	10.0	175
$\Delta T/\mathrm{K}$	940 →	1050	90	760	124

阳极均质性差（也就是韦伯模量 *m* 低）能导致与电解槽状况不好（也就是热传递率 *h* 高）、有害的热冲击的危害是惊人的。与热冲击有关的性能对 *TSR* 的相对影响见表4-2。

表4-2 与热冲击有关的性能对 *TSR* 的相对影响

趋向	性能	*TSR*
↗	阳极尺寸	↘
↗	电解槽与阳极的温差	↘
↗	热传递率	↘↘↘
↗	热导率	↗
↗	断裂能	↗↗
↗	线膨胀系数	↘↘
↗	静态弹性模量	↘↘
↗	阳极性能的变化	↘↘↘

在第5章中我们将详细讨论 *TSR* 在实践上的重要性。

5 阳极开裂

5.1 裂纹构造类型

一般情况下，阳极严重破裂可被视为相互连接的裂缝的最后阶段。这些裂缝是由垂直于裂纹平面的张应力造成的。同时发现构造不同的裂纹（见第4章4.4.1节），是特定应力产生了构造不同的裂纹。这些应力或者是在阳极生产过程中的特殊阶段产生的，或者是由于电解槽发生变化引起的。对构造不同的裂纹进行直接分析测量能发现造成开裂的应力来源，从而在应力产生的源头解决阳极破裂问题。导致阳极发生不同类型裂纹的影响因素及影响程度如图5-1所示。

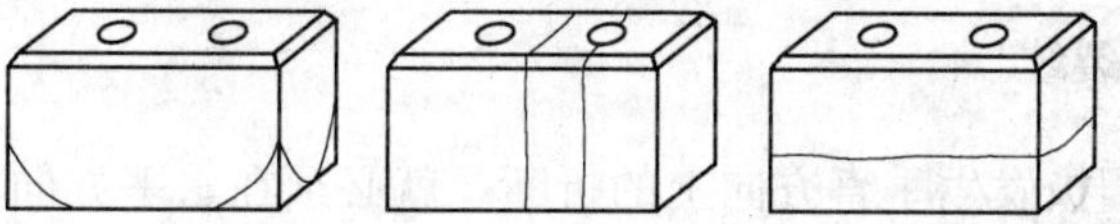

影响因素	角部裂纹	垂直裂纹	水平裂纹
原　料	++	+	+
配　方	++	+	●
混　捏	+	+	●
成　型	+	+	++
焙　烧	●	++	●
浇　注	●	++	●
热冲击	+++	++	+

图5-1　导致阳极产生不同类型裂纹的影响因素及影响程度

我们还必须考虑的是：阳极发生破裂常常是由几种互相独立的机理引起的。在这种情况下，为了确定每个因素造成阳极裂纹的影响，对其分别进行处理具有特别重要的意义。

在本章中，我们将就实践中观察到的所有构造的阳极裂纹提出一个总的看法，并在第6章中讨论产生这些特定裂纹构造的机理。

5.1.1 角部裂纹

角部裂纹主要是在阳极放入电解槽后产生的。也就是说，阳极放入电解槽内之前，阳极角部质量并没有差到能看得到裂缝和裂纹的程度。

在阳极受到热冲击时，角部裂纹沿着阳极内的等温线产生，阳极角部热应力能够超过阳极所能承受的程度。根据Schneider和coste（1993）提出的数学模型分析，当阳极放入电解槽后25min，角部热应力达到最大值。最大应力的中心位于距阳极底部大约15cm，距侧面大约25cm的地方。就裂纹形成的时间和形状而言，这些研究发现与通过实践观察到的情况基本吻合。典型情况下，角部裂纹发生在阳极放入电解槽内5~25min后。

角部裂纹也会受到第4章4.4.3节中说明的与阳极性能有关的有害热冲击的影响更严重。有些阳极性能（例如线膨胀系数或者杨氏模量）受原材料质量的影响严重。干骨料的制备和糊料配方对阳极抗热冲击性也有类似影响。所以糊料质量的一致性常常是一个被低估的影响因素。而将大部分的注意力都集中在粉子细度方面：它对于优化沥青含量具有强制性作用。因此为了得到一种质量均匀的糊料，必须相应的调整混捏条件（混捏比能和混捏温度）。最终糊料的均质性会影响阳极的力学性能的变化（也就是韦伯模量）。不适应的成型条件（也可能是由糊料质量不合适引起的）会导致生阳极内密度发生变化产生分层。阳极角部产生的等压线与阳极受到热冲击后产生的等温线一致，并成为导致裂纹发生的剪切平面。阳极结构的这种提前弱化可以通过从阳极底面角部采样测定出来。韦伯模量的任何变化都说明了这一点。

为了能将角部裂纹的产生说明的更完整，我们还应该提到对阳极不适当的搬运、移动也会引起角部裂纹。裂纹常常是很难看到的，但是我们前面也提到了（见第3章3.4.2节）材料结构对应力达到其最大值的10%，就已经会反映出来。

5.1.2 垂直裂纹

为了使阳极发生垂直方向上的折断，就必须在水平方向具有张应力。这样的应力是由几种彼此互相独立的因素造成的。

当焙烧生块时，沥青烟在临界温度范围200~600℃之间（如第1章1.3.4节）进行挥发。在这一温度阶段，阳极产生内部压力，而且这一应力能超过阳极承受的限度。当焙烧选择的温度梯度（也就是升温速率）太高时，这种影响效果会更大，情况严重时阳极在焙烧炉中产生裂纹。通常情况下，裂纹面正好穿过宽度最小的阳极的中心位置。

很明显，正常情况下焙烧后我们不会观察到阳极发生了严重破裂，但是由于产生微小和大裂纹，材料强度变弱的可能性还是有的。由于这些裂纹是存在于阳极内部，如果不进行相应的取样分析，用肉眼是很难观察到这些裂纹的。

另外，阳极浇铸操作也会产生垂直裂纹。在浇铸操作过程中首先要选择使铁-炭连接尽可能紧密的浇铸参数（钢爪和炭碗的几何形状，钢爪的预热的温度），这样就能使阳极在电解槽中的导电性达到最大，但是，如果两者连接太紧密也会导致在阳极内部产生临界膨胀力。并且能常常在炭碗周围观察到形成了放射状的裂缝。

阳极放入电解槽之后，最大应力区域将逐渐从阳极角部到达阳极中部，产生的张应力可以增大到角部位的90%。并且换极一小时后，应力达到最大。按照Schneider和Coste（1993）模型分析，这种最大张应力足以使阳极发生严重裂纹，从而将阳极一分为二。

在电解操作过程中，随着阳极位置逐渐下降，阳极上部的温度也不断升高，它与电解液的距离也越来越近。如果阳极棒较短，钢爪达到一定温度，它的热膨胀就超过阳极承受范围（因为钢爪的线膨胀系数大于炭阳极的线膨胀系数），在这种情况时，膨胀力就施加在阳极上炭碗之间，使阳极产生垂直裂纹。这种类型的裂纹通常发生在阳极使用后期阳极高度最小时，所以这种垂直裂纹与热冲击之间没有直接的关系，除非是阳极受热应力冲击提前变弱了。

由于阳极中一些已存在的缺陷（在焙烧过程中形成的）或者一些由铁－炭连接或钢爪膨胀附带引发的机械应力，垂直裂纹可能在两个炭碗之间通过或者直接从炭碗穿过。后一种情况存在阳极碎片掉入电解槽中的危险（这样会严重干扰电解槽正常操作）。

5.1.3 水平裂纹

在阳极高度较低部分，在阳极1/4高度和一半高度之间，发生水平断裂及阳极下部掉入电解槽内，因此水平裂纹是对电解槽操作危害最大的一种裂纹类型。引起水平裂纹必须有相当大的垂直张应力。电解操作稳定的情况下，由热冲击引起的结果应力远远达不到临界值。这些缺陷一定是较小的水平裂纹早已存在了，而且很有可能是在成型过程中产生的。

5.1.4 热冲击的影响

在实践中，阳极在电解槽中出现的任何类型破裂常常都被认为是热冲击方面的问题。图5－1中说明了许多其他能导致阳极破裂的潜在的来源。表5－1说明由于热冲击能产生的最大应力。正如前面已经提到过的，仅有角部裂纹能被作为热冲击直接作用的结果，而阳极垂直和水平破裂通常都是各种因素作用的结果，这些影响在电解槽中又与热冲击相互作用。

表5－1 导致不同裂纹类型的热冲击作用程度

阳极受热冲击后内部产生的潜在应力作用程度	
导致角部破裂的应力	100%
导致垂直裂纹的应力	90%
导致水平裂纹的应力	50%

5.2 由生阳极制造产生的破裂

5.2.1 干骨料制备和混捏

正如前面已经指出的，选择最佳混捏条件主要依赖于干骨料的制备。总的来说，优化干骨料组成需要考虑以下几点：

（1）就阳极的燃烧性能来说，粉子含量高和粉子细度大的配方，这样的配方需要的沥青量也多，可以得到高质量的阳极。但是实际上，这样做导致糊料混捏困难（沥青分布不均匀），也会给焙烧带来难题（沥青液化导致气体压力变高，从而阳极产生热裂），最后只能得到质量较次的阳极。

（2）为了避免糊料混捏困难以及阳极焙烧困难，使用粉子含量低、细度较粗的配方是有利的。因此必须降低沥青的加入量，但是黏结基质减少会使阳极总的燃烧质量低。

（3）为了改善与阳极抗热冲击有关的性能，生产一种骨料更粗、均匀性更高的糊料是重要的。通过这种方法，我们可得到韦伯模量高和断裂能与杨氏模量之比大的阳极（如第

4章所述）。这一点符合第二种考虑，因此这也表明我们必须找到一种折衷的办法，既能优化阳极的燃烧性能又能提高阳极的抗破裂性能。

所以，我们必须依照混捏和焙烧参数选择最佳配方。

图5－2说明了连续混捏机混捏比能对按照式（4－30）测出的阳极抗热冲击系数（*TSR*）的影响。混捏机混捏比能低，会使沥青在糊料中分布不均匀，这样会导致阳极断裂性能变化大，数值小，而且杨氏模量也会降低（由于阳极气孔率高造成的）。另一方面，混捏能高于15kW·h/t是很危险的，因为这样增加了大颗粒被破碎的危险，这种结果是非常危险的，因为干骨料的比表面积会任意改变，从而骨料中沥青的需求量就很难控制了。

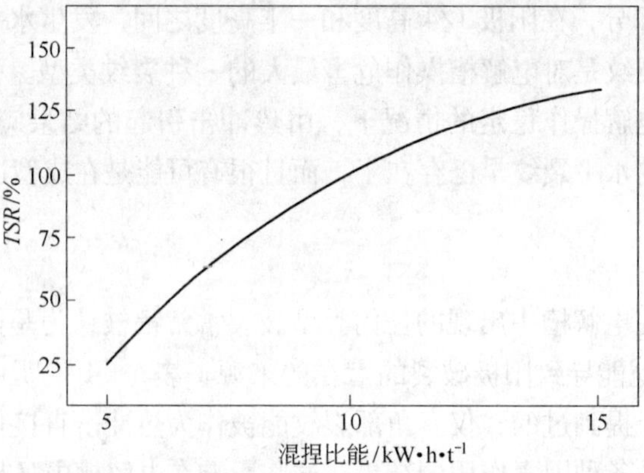

图5－2　KO-KNEADER混捏比能对抗热冲击性的影响

图5－3说明了混捏温度对阳极抗热冲击性的影响。混捏比能较高可降低糊料的黏度，从而使糊料混捏效果更好（当混捏比能保持不变时），这样生产出来的阳极具有抗断裂能高、变化小，同时杨氏模量也会有所增加（由阳极密度较高造成的）。

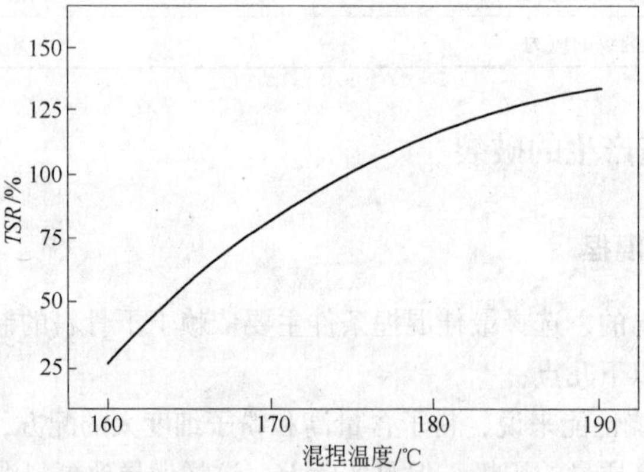

图5－3　混捏温度对阳极抗热冲击性的影响

根据从混捏机到成型设备（模压成型或振动成型）间的距离以及运送糊料方式不同，糊料在成型前需要进行冷却。通常情况下，通过喷洒水冷却糊料。为了避免在阳极内部产生太大的蒸气压力，成型温度也要控制在一定范围之内（这一点在下一节将会进行说明）。

干骨料和糊料的制备严重影响阳极的抗破裂性能是非常显著的，因此为了改善阳极质量必须将两个工序结合起来进行优化组合。

5.2.2 糊料成型

如第1章1.3.3节所述，成型可以通过模压成型或者振动成型来完成，这两种方法都能在真空状态下进行操作。糊料温度是成型最敏感的参数之一。糊料中的沥青烟气更容易释放掉，最终决定了成型时的温度，不同成型所需糊料典型温度范围见表5－2。

表5－2 不同成型所需糊料典型温度范围

成型类型	正常状态下	真空状态下
振动成型	140～150℃	155～165℃
挤压成型	105～115℃	115～125℃

通常，为了降低糊料黏度，使生块的体积密度最大化，成型温度应尽可能高一些。但是成型温度过高会导致阳极内部沥青蒸气压力过大。这种压力既可以通过产生较大水平裂纹释放出来，也可以继续保留在阳极内部形成张应力。两种情况对阳极的破裂敏感性、危害性是一样的。并且阳极在焙烧过程中，使结构进一步弱化，或者在严重情况下，阳极会由于沥青液化作用（如本章5.3节所述）下使阳极完全坍落。

因此在优化成型温度时，必须找一种折中的办法。选择的沥青含量比适宜的沥青含量适当高一些，从而在生块冷却前，其内部产生的沥青烟气控制在我们可以接受的范围之内。

很明显阳极的尺寸和几何形状对沥青蒸气压力的释放也有直接的影响。由于沥青蒸气排出的路径增加，因此较大的阳极对破裂更加敏感些。

同样的原因，沥青过量同时成型温度太高时也是非常危险的。通常情况下，阳极中沥青过量，其在阳极内不是有规律地分布，而是沥青在阳极局部比较集中，结果这些地区就会优先引起裂纹发生。

Born *et al.*（1992）研究了焦-沥青混合物的弹性行为和挤压应力的松弛现象。在挤压成型过程中，糊料通过弹性变形被挤压到一定程度。当成型后的阳极生块出模时，释放成型压力，阳极内储存的弹性性能会释放出来，这种结果发生的同时，还伴随有生块尺寸增加，这种现象被称为弹性后效。由于应力梯度的影响造成阳极弹性后效过大或者弹性后效有差别。挤压成型时生阳极最常见的缺陷是阳极分层以及披肩，如图5－4所示。

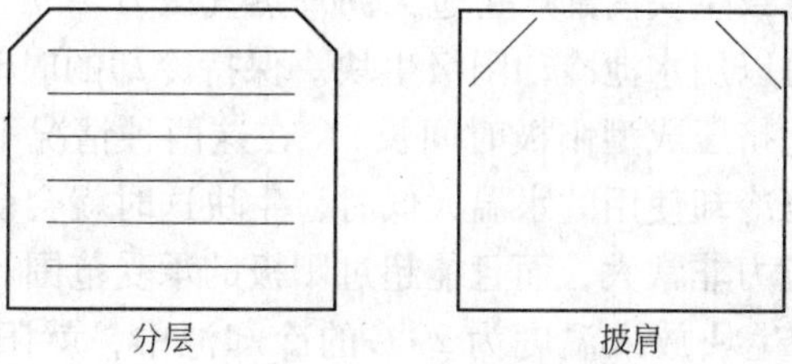

图5－4 生块常见缺陷
（由 Kingery *et al.*，1990 修改）

弹性后效有差异可能由下面几个原因引起：

（1）由于模具壁摩擦力的影响，在被挤压块内有压力梯度，如图5－5所示。

（2）由于颗粒不均匀，填充不均匀或者受挤压的沥青蒸气或空气不均匀引起阳极内储存的弹性性能产生梯度。

（3）由于阳极内压力高，模具弹性应变显著或者模具壁润滑效果引起模具壁产生摩擦力约束。

（4）模具下部凹陷。

可以通过减少平均弹性后效来降低阳极具有分层倾向，而 Born *et al.*（1992）观察到可采用较粗配方来降低弹性后效。减少成型压力或者润滑模具来降低压力梯度也有助于降低弹性后效作用。

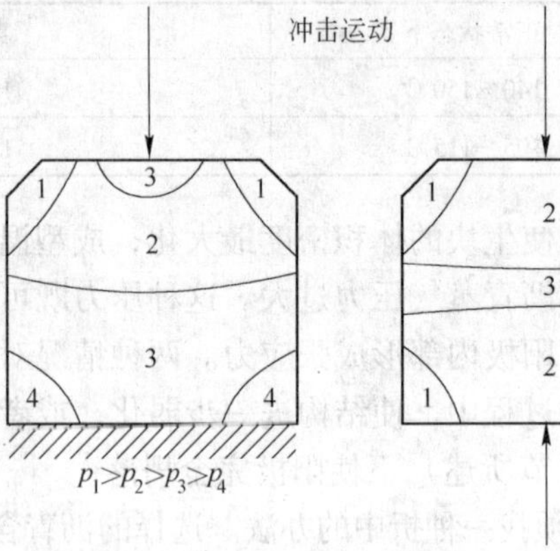

图 5－5　单向挤压成型压力剖面图

（由 Kingery *et al.*，1990 修改）

披肩裂纹通常是由于阳极角部弹性后效差异较大产生的，这种情况经常发生在阳极上部的糊料没有被修整时。当压力比或挤压效率高时，沥青蒸气或空气受到挤压也会产生裂纹。

当糊料在模具中的填充不均匀时，就常常会发生生块的密度分布不对称（除了图5－5中说明的以外）。这也会引起弹性后效差异，情况严重时会导致阳极顶部倾斜，从而使阳极成为废品。

5.2.3　生块冷却

为了防止成型好的生块在进一步存储和加工期间发生变形，必须将脱模后的阳极生块冷却到室温。若要使生块保持原来的形状，成型后必须立即对阳极进行冷却。阳极温度高冷却时间短，那么也会导致生块内部产生过大沥青蒸气压力。

既可以通过喷水也可以用水池冷却阳极生块。保持冷却的时间至少要 90min（显然振动成型阳极冷却时间要比挤压成型阳极时间长）。在这两种情况下，生块冷却媒介的温度都需要调到适当状态。当冷却使用的水温太低时，生块这时就会受到热冲击。下面的例子说明这种情况产生的热应力非常大，而且能超过阳极的承受范围。

假设温度为 150℃ 的生块放入温度为 20℃ 的冷却池中，就阳极表面即时温度变化来说，它所引起的热应力可按下式计算：

$$\sigma = \alpha \times E \times \Delta T \tag{5-1}$$

式中　σ——热应力，N/m^2；

α——线膨胀系数，$\alpha = 4.0 \times 10^{-6}$，$K^{-1}$；

E——杨氏模量，$E = 2.0 \times 10^9$，N/m^2；

ΔT——生块与冷却池之间的温差，$\Delta T = 130$，K。

把这些假设值代入式（5-1）中得到的热应力为1MPa。当然选择的这些假设值说明最坏情况。在实践中，由于阳极表面热传递较慢，阳极受到的热冲击比这轻得多，但是这个例子也说明与这时的阳极强度相比较，两者程度相当。

生块冷却时，其表面要承受张应力（见第4章4.2节），在通常情况下，由于阳极表面一些地方应力集中，例如棱角、边部或其他空隙部位等，裂纹更易从表面开始发展。因此急剧冷却引起的热冲击要比急剧加热引起的热冲击更加危险。

当阳极冷却更均匀时（也就是表面冷却均匀），产生的热应力分布也是均匀的。因此在易产生裂纹的薄弱处，就不可能有裂纹发生。但是，如果由于上述提到的成型过程中出现问题使材料强度提前弱化，那么热应力更容易导致薄弱处的裂纹进一步扩展。相对生块内部的裂纹闭合，冷却时的热冲击也有其有利的一面，因为热应力看来具有挤压作用。

生块过度冷却引起的热应力在阳极表面产生的裂纹，用肉眼非常容易的看到。为了避免上述问题，生产中生块冷却媒介的温度在四季分明的季节（炎热的夏季，寒冷的冬天），需要对冷却温度进行一些调整。

5.3 焙烧过程中产生的裂纹

由于有几个因素的影响能破坏阳极的结构，因此焙烧过程是非常复杂的。我们区别焙烧过程中两个关键阶段，即温度加热到150℃（第一阶段）以及在200~600℃之间的加热（第二阶段）。在第一阶段中，由成型和冷却过程引起的应力将会被释放出来，这样会导致阳极发生膨胀，我们需要控制这种膨胀，否则阳极内部就会形成张应力。如果这些应力超过阳极可承受的临界范围，那么就会产生穿过阳极中心的垂直裂纹。在第二阶段，沥青的挥发分被释放出来，同时伴随着阳极体内部压力逐步增加。如果这种压力不能被有效地释放，同样就会引起穿过阳极中心的垂直裂纹（这和第一阶段的现象相似）。

下面将对这两种机理分别进行研究分析。

5.3.1 第一阶段：释放产生的应力

阳极焙烧后，我们常常可以观察到径直穿过阳极中心的垂直裂纹。Jarry（1977）在他的论文中深入研究了这种现象，他的目的是调查研究使用隧道焙烧炉将阳极焙烧时间从两周缩减到两天的可能性。由于没有能用于这种类型焙烧炉的填充料，那么阳极的形状稳定性和破裂敏感性都很关键。Jarry认为由于焙烧炉缺少填充料，焙烧时当阳极被重新加热到成型温度，没有阻挡阳极块膨胀的抵抗力。当热量从阳极表面穿透进入阳极内部，阳极表面首先开始膨胀，从而在阳极内部形成张应力（如第4章4.2节所述）。根据阳极的几何形状，主要张应力位于平面导致通过阳极中心的垂直裂纹的长面方向。

除了在成型与冷却过程中已经引起的应力外，焙烧过程中新产生的应力也在起作用。在焙烧温度达到成型温度时，黏结基质的黏度降低，就被释放出来了。

Jarry发现这种类型的破裂是下面影响因素的函数：

（1）成型压力；

（2）成型温度；

（3）成型后的冷却速率；

（4）从焙烧开始达到大约150℃时的温度梯度（也就是升温速率）。

为了降低阳极开裂的危险，在成型过程中减少压力，增加成型温度，阳极成型后冷却速率适当，阳极焙烧过程升温速率低都是有利的。（译者注：根据我国的经验，制品在低温阶段快速升温有利，因为阳极的实际温度与曲线温度差较大）

Perruchoud（1992b）研究了当阳极在焙烧炉中被重新加热到成型温度时，成型后阳极的冷却速率对应力释放的影响。他以挤压成型阳极为研究对象。由于挤压成型温度较低，成型后的生块不用水冷却（喷水或冷却池）而用简单的环境冷却（他称之为"空气冷却"）是可能的。Perruchoud 发现当用水冷却时应力释放过程突然停止了，这显著增加了阳极产生应力水平。结果采用空气冷却的阳极焙烧升温速率要比用水冷却的阳极焙烧升温速率高得多。

焙烧时焙烧温度从室温到 200℃时，所允许的最大升温速率：

（1）用水冷却的阳极，其升温速率为 5℃/h；

（2）用空气冷却的阳极，其升温速率为 10℃/h。

这些基本原则适用于成型温度为 120℃挤压成型的阳极。

关于在焙烧炉操作过程中，为了防止升温速率过高，需要考虑下列因素：

（1）放入炉室中的阳极要经过完全冷却（也就是其温度低于 100℃）；

（2）用填充料对阳极进行适当的保护；

（3）阳极到炉室墙的距离要均匀。

5.3.2　第二阶段：沥青液化挥发应力释放引起的裂纹

当阳极重新加热到 150℃时或者由于沥青在 200～600℃时的液化作用的影响而产生了垂直裂纹，尽管这是由两种完全不同的机理引起的，而且彼此相互独立，但它们产生的裂纹类型却是一样的，而且裂纹产生后也不能被区分出来。

Perruchoud（1992a）研究了在焙烧过程中沥青的液化作用现象，发现阳极的破裂性与下列因素有关：

（1）温度梯度；

（2）气体（也就是沥青烟气）流动速率；

（3）气体流动阻力；

（4）阳极的弹性和强度。

他还研究出了一个模型，以定量确定在阳极焙烧过程中由于沥青的液化挥发作用使阳极内部破裂情况。为了简化这个模型，他作了以下假设：

1）在沥青液化作用过程中，阳极温度梯度与阳极气体质量损失速率成正比。

2）气体过高压力与温度梯度，与气体质量损失率成正比而与气体渗透性成反比。

3）材料抗气体过高压力的阻力与材料强度与弹性模量之比成正比。

因此在焙烧过程中，抗破裂指标与阳极的机械强度成正比而与气体过高压力成反比。

$$\text{抗破裂指标} = \frac{10^3 \times \sigma}{E} \times \frac{10 \times AP}{WL \times \Delta T} \tag{5-2}$$

式中　σ——抗折强度，N/m^2；

E——弹性模量，N/m^2；

AP——空气渗透性，nPm；

WL——质量最大损失率,%/h;

ΔT——温度梯度（对质量损失率为1%/h其升温速率为10℃/h),℃/h。

根据用多种温度标准对焙烧过程的研究结果显示，质量最大损失速率时的温度为400℃。

图5-6说明：用半工业化实验室阳极进行焙烧，温度达到400℃时测量的阳极的相关性能，这些性能都与沥青含量和粉子细度相关。图5-6右下角为抗破裂指数曲线图。沥青加入量在14%~16%时，粉子较粗（比如2000布林值）的阳极，其抗破裂性能较好。对粉子较粗的配方制成的阳极来说，沥青的含量的影响非常显著，与沥青含量对其在焙烧炉中的影响是相似的。

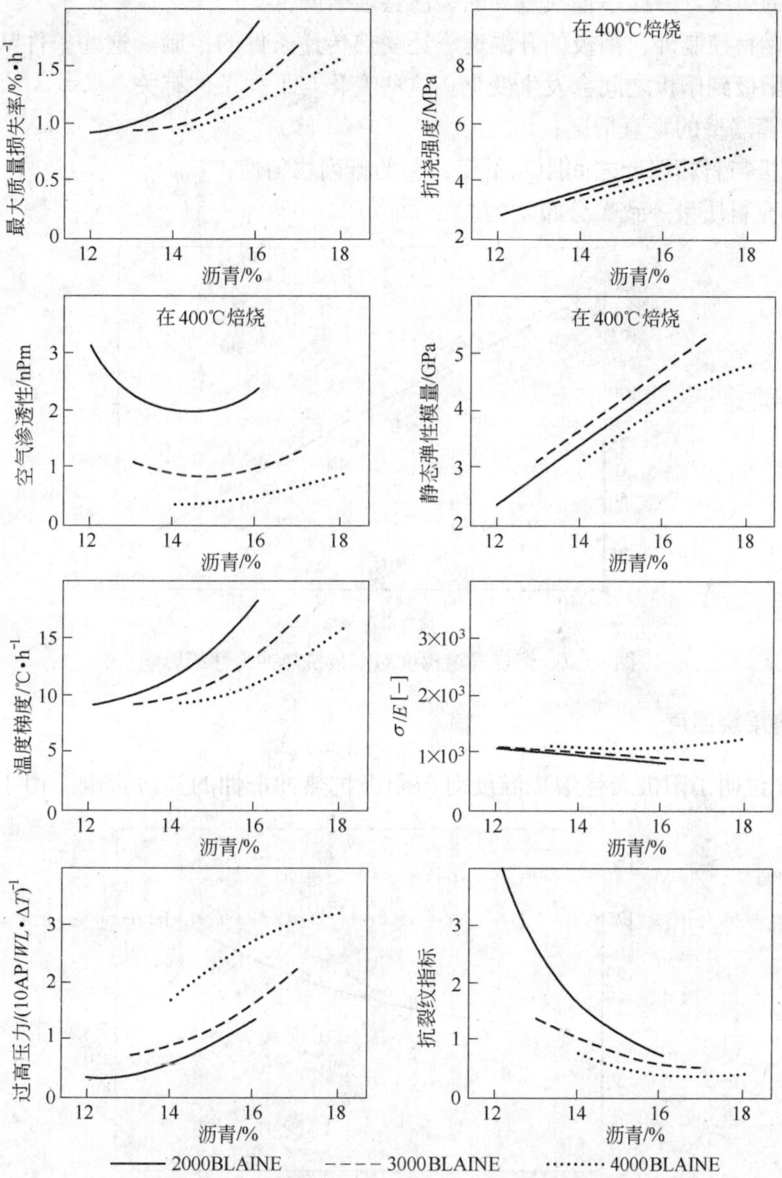

图5-6 与抗破裂指标（式5-2）相关的参数随沥青和布林值的变化图

沥青含量对用细度较大的粉子制成的阳极影响要小得多。

这些都说明了确定最佳沥青量与控制粉子细度及均匀性一样重要。如果为了得到质量更好的阳极而增加粉子细度，那么由于这样做会关系到球磨机的生产能力，可能会使球磨粉均匀性恶化。在这种情况下，用太高细度的粉子生产出的阳极数量越多，并且焙烧后的废品率也会越高。

很明显在很多情况下，沥青液化挥发作用并不是那么严重到使阳极在焙烧过程中破裂。但是这时产生的应力仍然可以达到材料结构变弱的程度，并最终将会影响到像图5－7所示阳极在电解槽中的抗热冲击性。在沥青液化作用过程中，焙烧温度梯度太高会产生肉眼能看得到的裂纹。因此韦伯模量和断裂能会显著降低。

除了受燃料控制外，阳极的升温速率还受热传递条件的控制。这些条件从料箱到料箱之间以及从阳极到阳极之间会发生变化。这些变化与下列条件有关：

（1）料箱墙壁的垂直情况；

（2）阳极与料箱墙壁之间距离不变，它的排列均匀性；

（3）填充料质量一致、分布均匀。

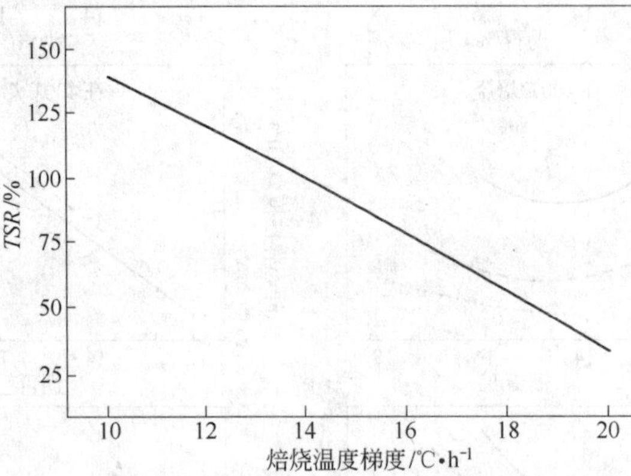

图5－7　焙烧升温梯度对阳极抗热冲击性的影响

5.3.3　最终焙烧温度

图5－8说明了阳极最终焙烧温度对与阳极抗热冲击性的显著影响。由于晶体的排列

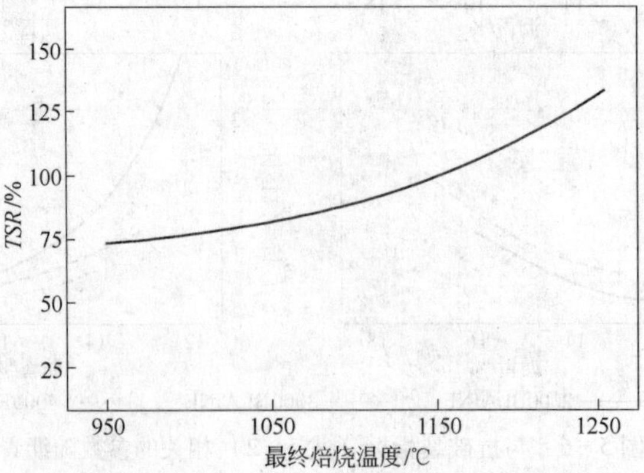

图5－8　最终焙烧温度对阳极抗热冲击性的影响

越规整，热传导率随焙烧温度成指数级增加，同时杨氏模量降低，而两者对抗热冲击性都是有利的。

焙烧温度较高的缺点是由于阳极焙烧时间越长，焙烧炉的焙烧能力下降。还有，阳极热传导率太高能导致阳极在电解槽内空气燃烧过量。

5.4 由阳极浇铸和钢爪设计引起的破裂

图5-9说明垂直裂纹是从阳极顶部开始的，其原因是由于炭碗周围或者炭碗之间张应力过大引起的。由多种原因产生的这些应力彼此相互独立：

(1) 炭碗不对称分布；

(2) 钢爪-炭块连接的紧密程度；

(3) 钢爪设计。

我们在下面将会讨论这些因素。为了对理论分析进行说明，将以一家工厂为实例，这家工厂的阳极顶部出现过严重的垂直破裂问题（Meier，1994b）。

5.4.1 阳极的几何形状

增加铝厂产量的一种常用方法是提高线电流。为了要保持电流密度不变，需要增加阳极尺寸。由于电解槽的空间有限，因此阳极尺寸常常只能向一个方向扩展。图5-9说明了穿过阳极纵向的剖面图，在这里阳极长度已由1357mm延长到1407mm，在这里引起注意的是重心是如何相对与炭碗发生转移的。

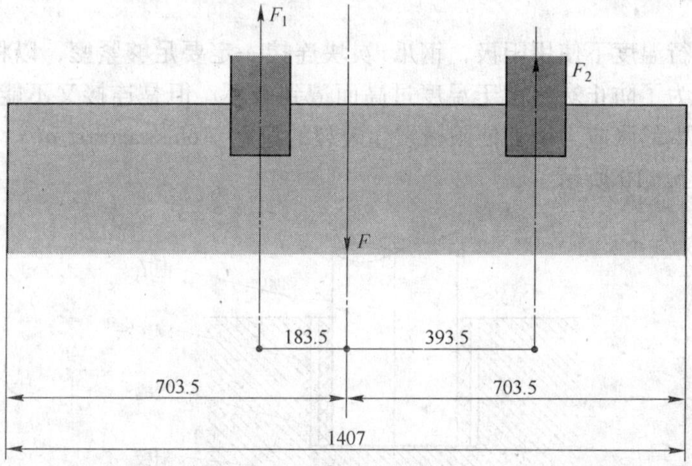

图5-9 在穿过阳极上部纵向横截面钢爪上的力作用图

下式给出了阳极受力平衡：

$$F = m \cdot g = F_1 + F_2 = m_1 \cdot g + m_2 \cdot g \quad (5-3)$$

式中 F——作用在炭碗上的力总和，N；

F_1——作用于外部炭碗的力，N；

F_2——作用于内部炭碗的力，N；

m——阳极的总质量，kg；

m_1——外部炭碗的质量，kg；

m_2——内部炭碗的质量，kg；

g——重力加速度，m/s^2；

弯曲平衡公式可写为：

$$183.5 \cdot m_1 = 393.5 \cdot m_2 \tag{5-4}$$

或

$$m_1 = 2.14 \cdot m_2 \tag{5-5}$$

按照式（5-5）可以看出，作用于炭碗外部的力是作用于炭碗内部的力的两倍多。因此假定阳极总质量为1000kg，两个炭碗外承担的质量为680kg，炭碗内部承担的质量为320kg，炭阳极的这种布局会导致下面两个缺点：

（1）外部炭碗的钢爪-炭块连接需要更紧密，这将导致外部炭碗周围的张应力较大。

（2）到阳极使用后期，阳极两端会下垂。尽管作用在外部炭碗的弯曲应力增加不超过0.05MPa（也就是远低于临界水平）。但是当其他应力也增加时，这种力是不能忽略的。

当铝厂通过提高线电流增加生产能力时，从而也增加阳极尺寸，因此对上述提到的影响炭碗受力进行考虑是很重要的。假如阳极上部炭碗受力已经存在不对称分布，那么采用下列措施可以避免穿过炭碗的垂直裂纹：

（1）为了得到优质阳极，尤其是阳极抗折强度高，对原料磨粉过程进行优化。

（2）为了避免阳极在焙烧过程发生任何坍落或者炭碗变形，调整沥青的含量。

（3）为了避免阳极上部产生过大应力，优化阳极浇注参数。

5.4.2 浇铸参数

在电解槽运行温度下使用阳极，钢爪-炭块连接一定要足够紧密，以将电能损耗降低到最小，同时也为了防止炭碗由于温度过高而遭到破坏。但是连接又不能过于紧密而冒，由于炭碗膨胀产生的张应力增大使阳极发生破裂的危险（ohlswager *et al.*，1990）。炭碗横截面示意图如图5-10所示。

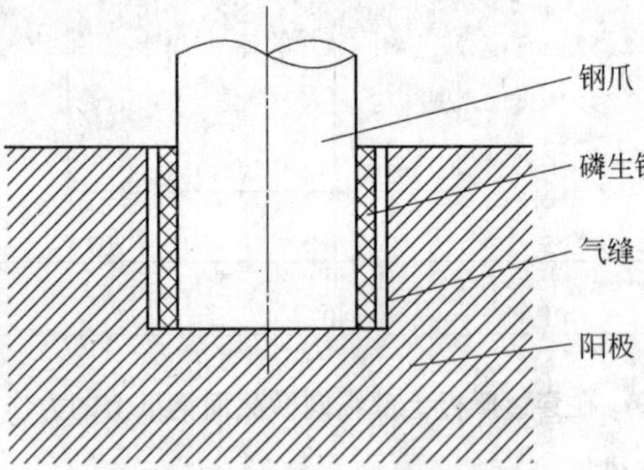

图5-10 炭碗横截面示意图

钢爪-炭碗连接紧密性主要受炭碗几何形状（特别是钢爪和炭碗的直径决定了浇注磷生铁的厚度）和钢爪的预热温度。下面将从阳极浇铸到阳极被放入电解槽过程中每个步骤进行说明（也可以参考第1章1.3.5节）。然后根据下面的假设和边界条件，将会从实践的角度测出这些应力。

（1）磷生铁浇铸到钢爪和阳极之间的缝隙内。

假设：

1）液态磷生铁的温度：1400℃；

2）钢爪温度：预热温度（可变化）；

3）阳极温度：25℃。

（2）磷生铁冷却到凝固点，并且在这一温度开始收缩。

假设：

1）磷生铁的凝固点：1150℃；

2）磷生铁在凝固点收缩率：1%；

3）在这一温度，从磷生铁到钢爪和阳极之间没有热传导，因此在本阶段钢爪和阳极的热膨胀可以忽略。

（3）磷生铁继续冷却到固体状态，并且线性收缩。由于这时从磷生铁到钢爪有热传递，钢爪受热温度升高，线性膨胀，直到磷生铁的温度与钢爪的温度一致为止。在下面将这一温度称为平衡温度（*TOB*）。

假设：

1）从磷生铁到炭块之间没有热传导，因此这时炭块的上热膨胀仍然可以被忽略；

2）磷生铁的热量全部传递到钢爪上；

3）钢爪（钢）的线膨胀系数：$CTE = 1.60 \times 10^{-5} K^{-1}$；

4）磷生铁的收缩率等于钢爪线膨胀系数（*CTE*）相等的负值：$CTE = 1.55 \times 10^{-5} K^{-1}$。

（4）一旦温度达到 *TOB*，从磷生铁到钢爪就不会有更多的热量传递了。

1）如果钢爪的热膨胀 ΔL 比磷生铁总的收缩率 ΔL 小，那么在磷生铁和阳极之间就会出现空气间隙，在这种情况下，阳极不承受由钢爪膨胀产生的任何应力 σ（阳极）。

2）如果钢爪的热膨胀大于磷生铁的收缩率，那么磷生铁和阳极之间就没有空气间隙，在这种情况下，阳极要遭受与炭碗成正切的张应力。

3）如果 ΔL(钢爪) − ΔL(磷生铁) < 0，那么 ΔL(空气间隙) > 0，也就是 σ(阳极) = 0；

4）如果 ΔL（钢爪）− ΔL（磷生铁）>0，那么 ΔL（空气间隙）<0，也就是 σ（阳极）= − E（阳极）× ΔL（空气间隙）/ ϕ（炭碗）。

TOB 表示浇铸过程中作用于阳极上的应力最大时的温度。

假设：

1）阳极的杨氏模量 E（阳极）= 5.0GPa；

2）钢爪的杨氏模量 E（钢爪）= 210GPa，也就是产生的应力由阳极来补偿。

（5）磷生铁与钢爪从 *TOB* 冷却到常温，在这一阶段中，磷生铁与钢爪都收缩了。

如果 ΔL（空气间隙）大于0，那么钢爪-炭块连接就会变得松散，也就没有应力作用在阳极上。

假设：

1）室温：25℃；

2）磷生铁和钢爪中的热量全部排放到周围环境中，直到温度达到室温。

（6）当阳极被放入电解槽中时，整个钢爪-阳极连接的温度逐渐达到电解槽的温度。由于钢爪与磷生铁的线膨胀系数大于炭阳极热膨胀三倍多，温度越高，连接越紧密。

假设：

1）钢爪-炭块连接的温度分布是均匀的，也就是说在电解过程中任何时间，钢爪、磷生铁和阳极上部的温度都是一样的。

2）CTE（阳极）$=4.0\times10^{-6}K^{-1}$。

在表5－3～表5－5中，说明了看作炭碗直径和预热温度函数的相关结果（这两个参数是可以变化的，是可以进行优化的）。在浇铸过程中最大应力在 *TOB* 时达到（也就是钢爪温度最高时，见表5－3和表5－4），那么在电解过程中，最大应力是在阳极消耗末期达到（也就是钢爪-炭块连接温度最大时，见表5－5）。

表5－3 浇铸过程中钢爪与铸铁的平衡温度

钢爪预热温度/℃	平衡温度 *TOB*/℃ 炭碗平均直径/mm			
	130	140	150	160
25	167	291	399	493
100	234	351	454	543
150	279	392	490	576
200	324	432	526	609
250	369	472	563	642
300	414	513	599	675

表5－4 浇铸过程中平衡温度时阳极上部的最大应力

钢爪预热温度/℃	平衡温度下阳极上部的应力 *TOB*/MPa 炭碗平均直径/mm			
	130	140	150	160
25	0.79	1.58	2.29	2.88
100	0.62	1.26	1.83	2.30
150	0.51	1.04	1.53	1.92
200	0.39	0.83	1.22	1.54
250	0.28	0.61	0.92	1.15
300	0.16	0.39	0.61	0.77

表5－5 电解过程中阳极上部的最大应力

钢爪预热温度/℃	960℃时阳极上部的最大应力 炭碗平均直径/mm			
	130	140	150	160
25	45.37	36.17	28.20	21.22
100	39.83	31.03	23.40	16.72
150	36.14	27.60	20.20	13.72
200	32.44	24.17	17.00	10.72
250	28.75	20.74	13.80	7.72
300	25.06	17.31	10.60	4.72

根据下列边界条件计算应力：

（1）炭碗平均直径：140mm；

（2）钢爪直径：120mm；

（3）钢爪预热温度：150℃。

根据给定的边界条件得到下列结果：

（1）平衡温度 *TOB*：392℃（表5-3）；

（2）浇铸过程中在 *TOB* 时的最大应力：1.04MPa（表5-4）；

（3）在电解过程中温度在960℃时的最大应力：27.6MPa（表5-5）。

图中标出的值表示给定边界条件时的状态，为了更好的说明表5-4和表5-5中的数据，下面用图表的形式来说明。在浇铸过程中阳极顶部的最大应力关系图如图5-11所示。电解过程中温度960℃时阳极上部的最大应力关系图如图5-12所示。

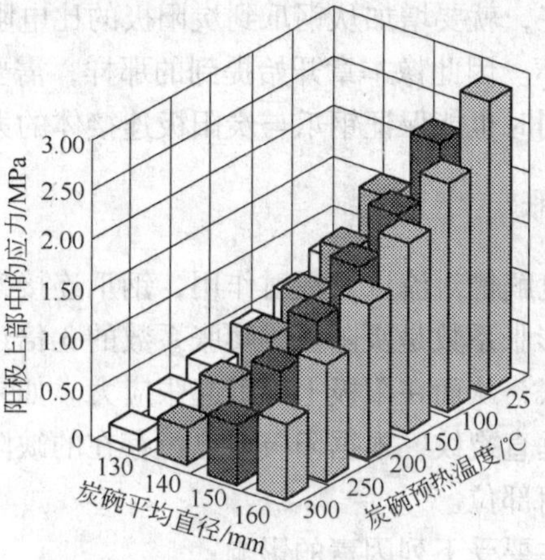

图5-11　在浇铸过程中阳极顶部的最大应力关系图（数据来自表5-4）

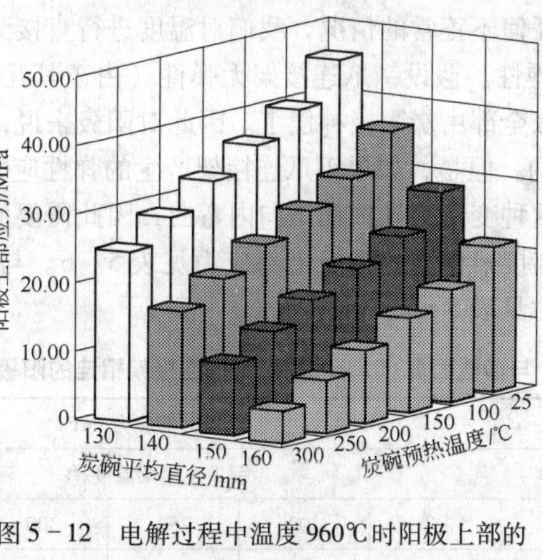

图5-12　电解过程中温度960℃时阳极上部的最大应力关系图（数据来自表5-5）

这些结果说明在浇铸过程中，阳极上部存在的张应力已经达到了与材料强度一样的水平。如果在电解过程中实际应力像计算的那样达到27.6MPa，那么阳极差不多就破裂了。但是在实践中，这个应力由于炭碗周围存在局部接触压力的影响而大大降低（Ohlswager *et al.*，1990）。

经过研究还发现：在电解过程中，对于典型的阳极质量来说，阳极受到的应力应该不会超过20MPa的范围（Meier，1992），所以我们计算出的应力超过了可以接受的范围（这与能在炭碗观察到裂纹相一致）。

下面有两种方法可以减少阳极上部的应力：

（1）提高钢爪的预热。如果预热温度从100℃提高到250℃，在电解过程中应力将会减小25%，也就是减少到20MPa，在浇铸过程中应力从1MPa减小到0.6MPa。

（2）增加炭碗直径。炭碗直径从10mm增加到150mm，其应力也会减少到20MPa，然而预热温度升高100℃，增加炭碗直径在浇铸过程中会导致应力的增加（从0.1增加到1.5），从阳极性能来考虑这一应力的增加仍可以忽视。

很明显，增加钢爪与阳极连接的紧密性，在电解过程中温度较高时也会导致裂纹产生。因此要想让温度低一些，就要增加从钢爪到炭阳极的比电阻，但严重情况下（比电阻过大）钢爪会因过热而损坏。因此像本章开始提到的那样，需要找到一个折中的办法，既能满足物理性能的需要，同时也能保证钢爪与炭阳极连接体的力学性能。

5.4.3 钢爪连接架的热膨胀

在电解过程中，由于电解槽对流以及辐射作用，钢爪连接架不可避免的要吸收一些热量。由于钢爪连接架的线膨胀系数是炭阳极线膨胀系数的3倍还要大，因此钢爪连接架温度太高会导致它过度热膨胀，从而在阳极上部引起张应力。如果这些应力超过阳极的承受能力，那么阳极就会形成垂直裂纹，根据阳极内已经存在的缺陷或者应力，这些裂纹可以发生在炭碗或者炭碗间任何部位。

在阳极上部引起应力主要受下列因素的影响：

（1）阳极上部与钢爪连接架的温度。根据阳极消耗周期和电解槽的状况不同，电解槽温以及氧化铝覆盖层的变化相近。对电解槽的温度场进行数学模拟不是非常可靠。为了使获得的资料能够体现任何不正常的情况，我们对温度进行直接测量是非常必要的。

（2）钢爪连接架的弹性。假设钢爪连接架无弹性（由于其几何形状的影响），它相对于阳极产生的附加热膨胀全部由炭阳极补偿了。因此对阳极来说，弹性钢爪连接架（具有较小的横截面）是可取的。但是，如果钢爪连接架产生的弹性应力过大，那么它就会发生不可逆转的弹性变形，这种变形会导致钢爪向内弯曲，因此需要修复钢爪这种变形。与横截面高60mm的旧钢爪连接架相连的阳极上部应力见表5-6。与横截面高150mm的新钢爪架相连的阳极上部应力见表5-7。

表5-6 与横截面高60mm①的旧钢爪连接架相连的阳极上部应力

阳极上部的温度/℃	阳极上部应力/MPa						
	钢爪连接架温度/℃						
	100	150	200	250	300	350	400
100	0.048						
200	0.027	0.069	0.112				
300	0.005	0.048	0.090	0.133	0.176		

续表5－6

阳极上部的温度/℃	阳极上部应力/MPa						
	钢爪连接架温度/℃						
	100	150	200	250	300	350	400
400	－0.016	0.027	0.069	0.112	0.154	0.197	0.239
500	－0.037	0.005	0.048	0.090	0.133	0.176	0.218
600	－0.059	－0.016	0.027	0.069	0.112	0.154	0.197
700	－0.080	－0.037	0.005	0.048	0.090	0.133	0.176
800	－0.101	－0.059	－0.016	0.027	0.069	0.112	0.154
900	－0.122	－0.080	－0.037	0.005	0.048	0.090	0.133

①表5－6中正值表示阳极上部内的应力，而负值是指（有害）压力。但是在正常情况下，后者是不会发生的。

表5－7 与横截面高150mm的新钢爪架相连的阳极上部应力

温度/℃	应力/MPa						
	钢爪连接架温度/℃						
	100	150	200	250	300	350	400
100	0.647	1					
200	0.360	0.072	1.511				
300	0.072	0.647	1.223	1.798	2.374		
400	－0.216	0.360	0.935	1.511	2.086	2.661	3.237
500	－0.504	0.072	0.647	1.223	1.798	2.374	2.949
600	－0.791	－0.216	0.360	0.935	1.511	2.086	2.661
700	－1.079	－0.504	0.072	0.647	1.223	1.798	2.374
800	－1.367	－0.791	－0.216	0.360	0.935	1.511	2.086
900	－1.654	－1.079	－0.504	0.072	0.647	1.223	1.798

表5－6和表5－7说明了用于具体阳极生产厂家的两种类型的钢爪架❶，阳极上部的应力情况（Meier，1994b）。在实践中，这两种钢爪连接架的方式不同。旧钢爪架横截面高度只有60mm，并且很有弹性，但是由于这种类型的钢爪架在电解槽中使用后会向内部弯曲（也就是前面所说的弹性变形），所以需要对其进行大量的修复工作。因此这种老式、细长的钢爪架被一种新型的、设计相似的钢爪架所代替了，只是这种新型钢爪架横截面更高些（150mm）。在实践中使用后证明这种新型钢爪非常坚硬，没有弹性变形，并且用后根本不需要修复钢爪。但是在炭碗与炭碗之间观察到阳极发生垂直破裂的数量增加了。这些在实践中观察到的结果可用表5－6和表5－7内总结的发现来很好的解释。

高于上述应力限制范围可用韦伯函数来测定，其相应限制范围表示对应于材料破坏概率为1%的应力水平 。在此我们观察具体阳极厂生产出了高质量的阳极，它代表了工艺控制处于良好状态。根据对阳极样品芯进行的抗弯强度实验得出的结果，以及按照前面描述

❶ 附录1.3详细说明了这种计算。

的统计分析，我们可以得到阳极最大允许应力为3.6MPa。

表5－7结果说明新、旧钢爪架之间差别显著。旧钢爪架在所有温度下得到的应力都达不到临界水平，而新的、坚硬的钢爪架在实践中较大温度范围内可使阳极上部产生相当大的应力。在电解槽控制有规律的情况下，钢爪架产生的应力达不到临界值。但是，根据温度场显示，这些应力与已经存在的应力一起作用时，可能就会变得非常危险。

对由于钢爪的热膨胀而引起的阳极的破裂问题来说，除非更换新钢爪架，否则对现有钢爪架设计进行调整，这种做法在实践中很难行得通。研究结果表明：阳极上部应力大是由于钢爪架的温度高引起的，所以在电解操作过程中要尽可能的保持钢爪架温度低非常重要。避免阳极上部产生垂直裂纹的方法有：

(1) 覆盖氧化铝。保持氧化铝覆盖层低于钢爪架，可以降低钢爪架的温度，但是为了避免阳极空气燃烧，阳极仍然需要覆盖氧化铝。

(2) 阳极消耗周期。阳极使用后期，也就是从电解槽到钢爪架的距离最小时，钢爪架产生的应力最大。因此减少阳极消耗时间可以使阳极上部应力的最小，但是这种方法会增加阳极的毛耗。

(3) 钢爪的长度。上述方法对电解操作的效率都有负面影响。降低钢爪温度的一个简单的方法是浇铸前增大钢爪的长度。清除干净钢爪上残极和残留的生铁后，将一段钢棒焊到钢爪末端。

(4) 阳极的质量。很明显，事先存在空隙（例如由于没有控制焙烧过程）的阳极对钢爪架引起的任何张力应力都非常敏感。正如前面式（4－3）中描述的那样，抗折强度高（特别同时韦伯模量也低），线膨胀系数低，杨氏模量低都有利于阳极提高抗破裂性能。

5.5　由电解槽热冲击产生的破裂

电解槽工艺操作条件对阳极的抗热冲击性有很大的影响 。如果电解槽工艺条件恶化，即使使用原料质量好、阳极生产过程控制很好而且稳定生产出来的优质阳极，也会由于热冲击阳极发生破裂。阳极性能和阳极破裂与电解槽热冲击严重程度之间的依赖关系如图5－13所示。

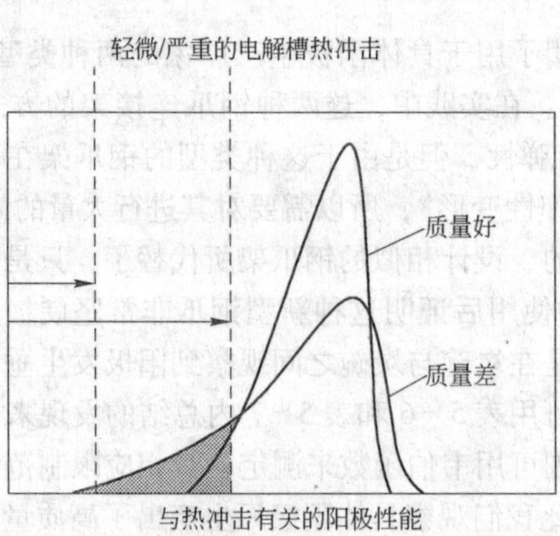

图5－13　阳极性能和阳极破裂与电解槽热冲击严重程度之间的依赖关系

电解槽热冲击的严重性可以通过热传递进入阳极的热量来量化，并且它主要受下列因素的影响：

（1）电解槽与阳极之间的温差；

（2）由于磁场和对流影响而引起金属和电解液的运动；

（3）阳极浸入深度与阳极尺寸。

5.5.1 电解槽与阳极的温差

当将阳极放入电解槽中时，电解槽中的热量开始穿过液体电解质进入阳极内。由于阳极的温度远远低于冰晶石的凝固点，因此在阳极的周围冰晶石凝结成一薄层固体结壳，这种结壳充当阳极的隔热层。

电解槽温度增加导致阳极周围的电解质结壳越来越薄（正如第4章4.4.1节中讨论过的）。因此使电解质结壳隔热效果变小，从电解槽进入阳极的热量增高。由于电解质结壳厚度、阳极在电解槽内位置以及放入时间不同而变化，并且由于热传递速率不能直接测量出来，因此我们仅能估计温差对阳极热冲击严重程度的影响。

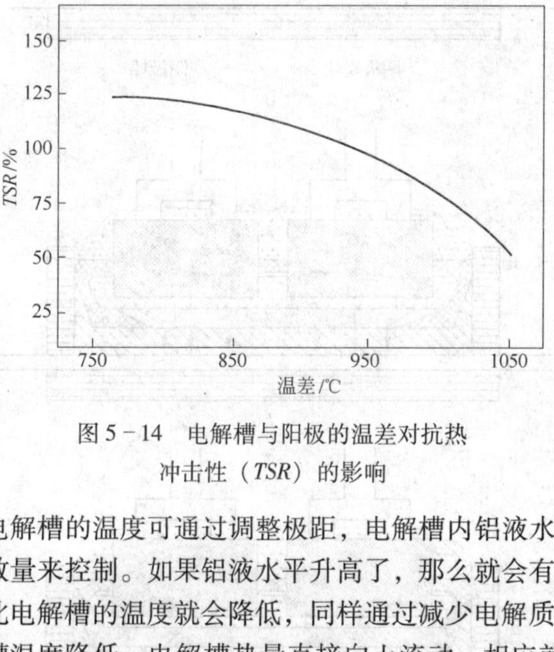

图5-14 电解槽与阳极的温差对抗热冲击性（*TSR*）的影响

在生产实践中，电解槽的温度可通过调整极距，电解槽内铝液水平，以及电解质凝固层上部加入的氧化铝数量来控制。如果铝液水平升高了，那么就会有更多的热量穿过电解槽侧部散发出来，因此电解槽的温度就会降低，同样通过减少电解质凝固层上部氧化铝的厚度，也可以使电解槽温度降低。电解槽热量直接向上流动，相应就降低了电解槽温度，但是这样做使阳极遭受空气燃烧危险也增加了。

阳极放入电解槽前进行预热是另一个可能降低两者温差的方法。这种做法通常是先把阳极固定在一定高度，使其底部恰好高于电解槽水平面。当然这属于额外工序，会增加生产成本。

5.5.2 由于磁场效应和对流影响引起金属和电解质运动

除了电解槽设计的影响外，电解槽侧部伸腿情况对热冲击的严重性的影响也很大。它需要测定是否由于磁场作用而引起铝液运动造成电流水平传导。铝液运动的一般形式有：

（1）铝液循环运动；

（2）铝液向上波动；

（3）铝液摆动（纵向、横向或旋转）。

这种金属运动到一定程度时就会转变成电解液的运动，电解液的运动将阳极周围的外壳冲刷掉，从而加剧了电解槽与阳极间的热交换。侧部结壳对金属层水平电流的影响如图 5－15 所示。

图 5－15*a* 说明了一热平衡很好的电解槽。电解槽侧部伸腿较低部分与阳极边部成一条直线，电流主要垂直通过阳极。铝液与电解槽的波动最小。

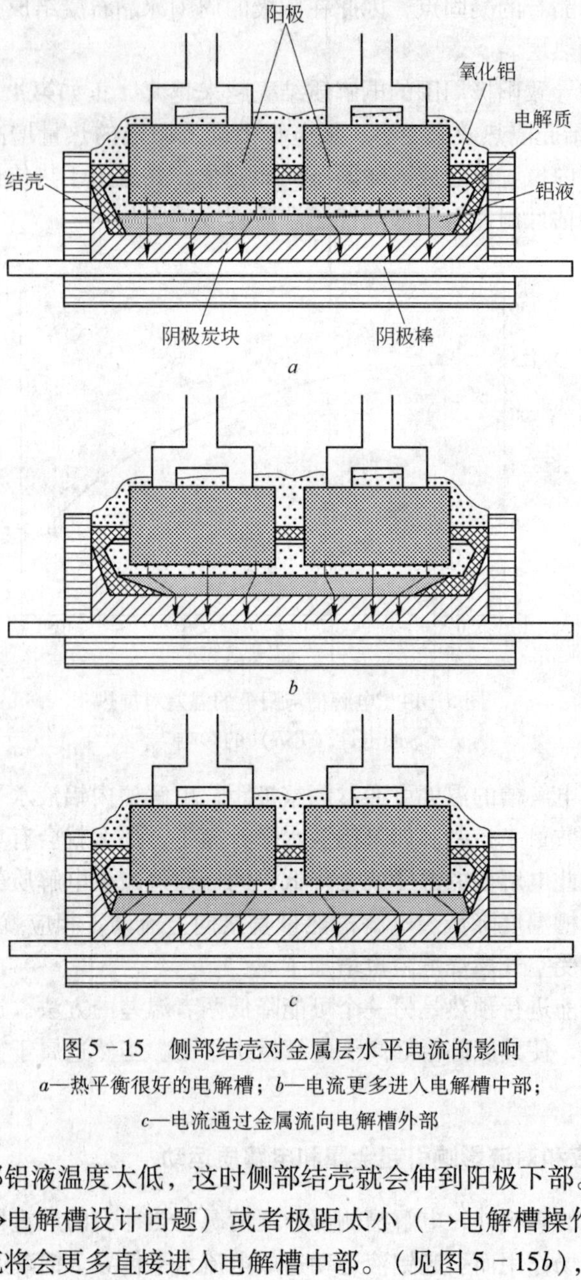

图 5－15　侧部结壳对金属层水平电流的影响
a—热平衡很好的电解槽；*b*—电流更多进入电解槽中部；
c—电流通过金属流向电解槽外部

如果电解槽底部铝液温度太低，这时侧部结壳就会伸到阳极下部。这是由于底部阴极炭块热传导增大（→电解槽设计问题）或者极距太小（→电解槽操作问题）引起的。那么电解槽内外部电流将会更多直接进入电解槽中部。（见图 5－15*b*），结果产生的水平电流将会引起铝液运动，从而对阳极造成更大的热冲击。

相反，如果铝液温度太高，侧部结壳就会减少，从而使电流通过金属流向电解槽外部（图5-15*c*），最终形成有害的水平电流。

除此之外，阳极底部也会根据铝液水平来调整它的形状：如果阳极底部平面倾斜，那么电解反应产生的气体就都会从阳极一边排出，这样就会由于对流作用过大，使阳极另一端热交换增加。

考虑到电解槽磁场效应，我们必须讨论电解槽电流强度问题。现代电解槽设计的电流密度越来越大，阳极尺寸也越来越大。除了由于电解槽电流较高（会导致金属与电解液运动更剧烈）使磁场增大外，阳极电流分布的作用也变得更加重要了。由于阳极消耗阶段不同以及温度分布也不同，通过阳极的电流也从来不是相同的。在电流大而其分布不均匀的电解槽中，铝液运动会更严重。避免这种问题的一种方法是：为了让阳极导电更快，将新更换阳极在电解槽中浸入深度设置的尽可能低。但是，如果阳极深度浸入过大会增加阳极受热冲击破坏的危险性。

5.5.3　阳极的浸入深度与阳极尺寸

如上所述，电解槽内热冲击的严重程度可通过降低电解槽与阳极的热交换来达到目的。从阳极几何形状方面来讲，受热应力影响的阳极体积应该是最小的。阳极浸入电解槽内部分越小，受热冲击的体积就越小（也就是按照韦伯统计法，具有低断裂能面积的可能性）。

如图5-16所示，对于不同尺寸的阳极，浸入深度对抗热冲击性的影响，假定阳极底面积为：

（1）小阳极：800mm×530mm；

（2）中等大小阳极：1400mm×720mm；

（3）大阳极：1430mm×1000mm。

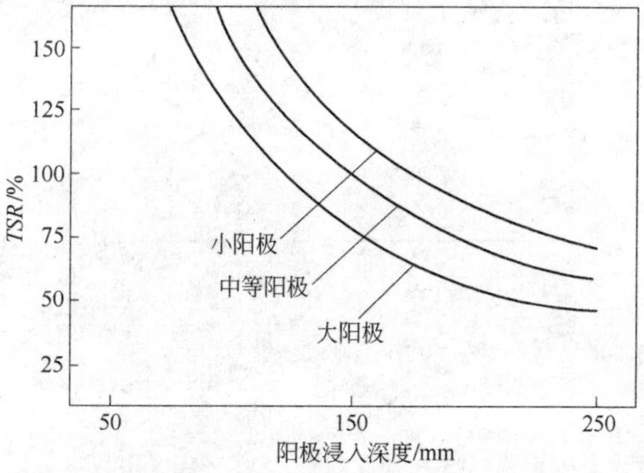

图5-16　阳极浸入深度与阳极底面积对抗热冲击性的影响

阳极浸入深度对热冲击性的影响很大的原因包括两方面：

1）渗透到阳极内的热量依赖于阳极浸入电解质内的面积。因此随着阳极浸入的增加，热冲击的严重程度直接增加。

2）受高热应力影响的阳极体积依赖阳极浸入深度。所以随着阳极浸入深度增加，出现裂纹的可能性也在增加。

另外，必须假设由于在阳极制造过程中变化更大（主要是成型与焙烧过程），裂纹随阳极尺寸的减少而降低。

6 结论与展望

6.1 两个主要目标

在本文开始我们提出两个主要目标：

（1）对不同阳极破裂机理进行区分以及估计其产生的根源。

（2）确定阳极破裂性能方法以及最终避免当阳极在电解槽内使用前与使用时发生任何断裂。

必须强调的是，通过本研究提供一种用于实践中解决工业中将要出现或已经存在的阳极破裂问题的手段，因此考虑到铝厂实际情况，本文提出的一些方法都被认为在实践中具有可行性。

调查研究结果表明：阳极破裂是由几种彼此相互独立的原因引起的。图 6－1 总结了不同裂纹类型及其发生的潜在原因。

破裂性能主要受下面阳极生产和消耗的 3 个阶段的影响：

（1）原料的质量。线膨胀系数低并且颗粒稳定性高的各向异性针状焦是一种最有利于生产抗热冲击性高的阳极的原料。

（2）阳极质量和阳极制造过程的一致性。生产的主要目标是要生产出一种均质性高、

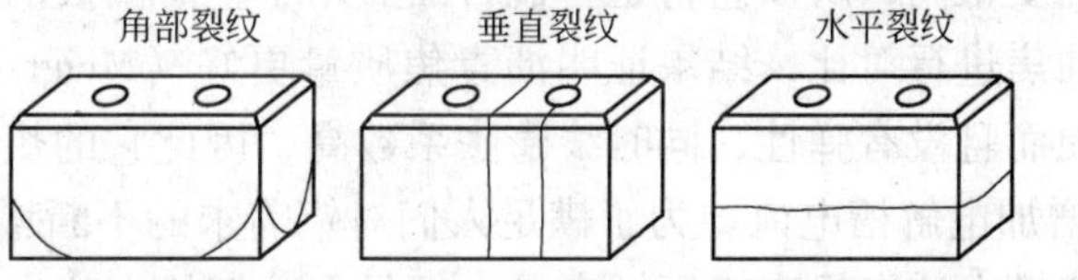

影响因素	角部裂纹	垂直裂纹	水平裂纹
原　料	++	+	+
配　方	++	+	•
混　捏	+	+	•
成　型	+	+	++
焙　烧	•	++	•
浇　注	•	++	•
热冲击	+++	++	+

图 6－1　不同裂纹类型及其发生的潜在原因

物理性能变化小的阳极。沥青含量适中的大颗粒配方会减少混捏和焙烧过程中的难题，并且也会增加韦伯模量和断裂能。糊料混捏充分（与一种有效预热和再冷却装置结合起来使用更理想），焙烧温度梯度低最有利于生产抗破裂性能高的阳极。

（3）电解槽中热冲击的严重性。从电解槽到阳极之间的热交换应该尽可能的轻微。电解槽过热、金属与电解质的波动小（也就是没有由于电解槽侧部伸腿不均匀使电流水平流动）、阳极浸入深度小以及使用尺寸较小的阳极是得到轻微热冲击条件的有利因素。

在对脆性物体的断裂机理分析的基础上，研究了炭阳极的破裂性能。并且考虑下列相关因素研究出了一种抗热冲击指标（*TSR*）：

1）阳极的力学性能；

2）阳极性能的变化；

3）阳极尺寸；

4）电解槽情况。

通过抗热冲击指标，我们可以估计由于热冲击引起阳极破坏的可能危险。实践证明，通过抗热冲击指标计算出的 *TSR* 有效性是很高的。断裂能的变化（用韦伯模量来表示）是对抗热冲击影响最大的性能。发现韦伯模量差与热传递过度的运行状况差的电解槽的危害是一样的。这意味着可通过改善电解槽的变化而不是仅仅改善阳极的平均质量来有效地避免阳极破裂。

6.2　未来发展趋势

对于世界范围内的铝生产和阳极原料供应来说，我们必须考虑下列发展趋势：

（1）原料质量恶化。将来会不得不加工含硫和钒较高的各向同性石油焦，这样将导致阳极的力学性能较差，阳极消耗量增大。后者影响电解槽状况，从而会使热冲击更加严重。

由于国家对环境控制越来越严格，因此石油焦中硫的含量可能成为关注的焦点。因为沥青焦的纯度很高，所以它将是替代石油焦用于生产阳极的理想原料，特别将它的空气反应性与石油焦进行对比，结果证明沥青焦质量更好（Meier 和 Perruchoud，1995）。但是沥青焦非常硬而且没有弹性，同时线膨胀系数高，因此它的热冲击问题更严重一些。

（2）增加电解槽电流。为了满足人们对铝需求的不断增加，在实践中常用的方法是通过提高电解槽电流来提高铝厂铝产量。但是在电解槽电流大的电解槽中，当电解槽热平衡受到干扰时，磁场作用会导致金属和电解质运动，产生有害影响。为了使电流密度控制在临界范围以内，增加电解槽电流通常要用尺寸更大的阳极，但是大阳极的力学性能变化也更大。

6.3　改善阳极抗热冲击性的方法

我们想到：阳极受到的热冲击严重程度会增加，而阳极抗热冲击性很可能会降低，这些有害的发展趋势需要通过更先进的阳极生产过程来弥补。通过对下面的领域进行调查研究，可以得到进一步改善阳极抗热冲击性的方法：

（1）为了生产出具有上述特征的煅后焦，对生焦加工参数进行优化；

（2）为了表示阳极的 *R* 曲线性能和裂纹韧性机理（例如抗弯技术、对具有特殊颗粒分布的原料的加工处理)，开发实践中优化阳极微观结构的方法；

(3) 为了使应力集中最小化，对阳极形状与钢爪架设计进行优化；

(4) 研究开发一种无破坏测试方法，使其能够用于在阳极发生变化前测出阳极是否能达到生产需要的技术指标，如果不能就视为废品。

根据未来发展趋势，阳极抗热冲击性问题很可能不断增加。因此，即使在不利条件下，按科学的方法开展对生产抗热冲击性阳极的研究非常具有挑战性，同时在工业上也非常实用。

附　录

1　计算

根据下列阳极尺寸测量阳极上部各种应力的计算步骤：

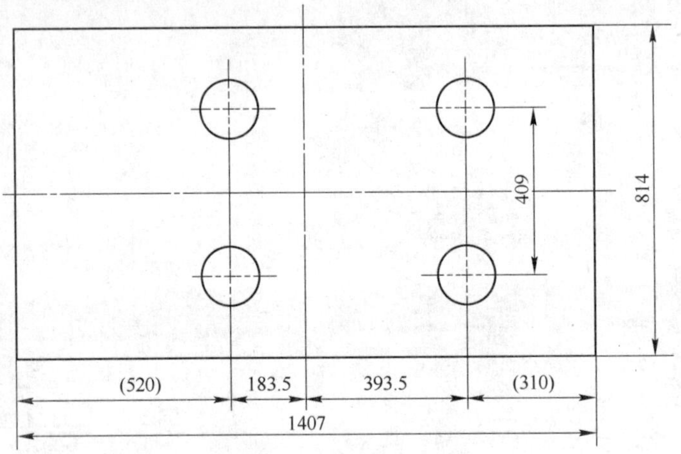

附图 1　说明阳极上部炭碗位置的顶视图

1.1　炭碗上的弯曲应力（见第 5 章 5.4.1 节）

由下式给出炭碗上的弯曲应力：

$$\sigma_B = \frac{M_B}{I} \cdot z_0 \tag{附 1}$$

式中　σ_B——弯曲应力，N/m^2；

M_B——弯矩，$N \cdot m$；

I——轴向转动惯量，m^4；

z_0——距中轴的距离，m。

由下式给出炭碗弯距：

$$M_B = F \times y_0/2 \tag{附 2}$$

式中　F——阳极后部的压力，N；

$y_0/2$——阳极后部长度的一半，m。

如下可以得出压力 F：

$$F = m \times g = \rho V g = \rho x_0 \times y_0 \times z_0 g \tag{附 3}$$

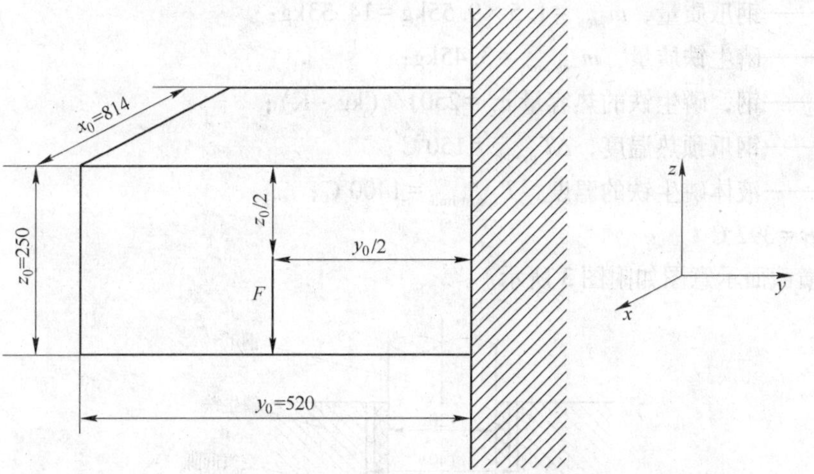

附图2 在阳极上部炭碗上施加一弯距的阳极后部示意图

式中 m——阳极后部的质量，kg；

g——重力加速度，m/s^2；

ρ——阳极的体积密度，kg/m^3；

V——阳极后部的体积，m^3。

下式给出阳极矩形横截面的轴向转动管理：

$$I = \frac{x_0 \times z_0^3}{12} \tag{附4}$$

将式（附2）代入式（附4）和式（附1）可得到：

$$\sigma_B = \frac{3 \times \rho \times g \times y_0^2}{z_0} \tag{附5}$$

式中 $\rho = 1.55 \times 10^3 kg/m^3$；

$g = 10m/s^2$；

$y_0 = 0.52m$；

$z_0 = 0.25m$；

$\rightarrow \sigma_B = 50294N/m^2 = 0.05MPa$。

1.2 炭碗周围的张应力（第5章5.4.2节）

在浇注期间，当钢爪温度达到最大时，炭碗周围的应力首次达到最大。在本研究中将这个温度称为“平衡温度”（*TOB*），因为它反映了钢爪和磷生铁温度相等这一阶段的温度。用下式说明了从磷生铁到钢爪的热量交换：

$$\Delta Q = m_{cast\ iron} \times c_{p,cast\ iron} \times \Delta T_{cast\ iron} = m_{stub} \times c_{p,stub} \times \Delta T_{stub} \tag{附6}$$

由于磷生铁和钢的热容量相等，因此等式（附6）可以简化，从而测出 *TOB*：

$$TOB = \frac{m_{stub} \times T_{p,stub} + m_{cast\ iron} \times T_{l,cast\ iron}}{m_{stub} + m_{cast\ iron}} \tag{附7}$$

式中 ΔQ——热量，J；

m_{stub}——钢爪质量，$m_{stub}=1.5\times9.55kg=14.33kg$；

$m_{cast\ iron}$——磷生铁质量，$m_{cast\ iron}=3.45kg$；

c_p——钢，磷生铁的热容量 $c_p=250J/(kg\cdot K)$；

$T_{p,stub}$——钢爪预热温度，$\Delta T_{p,stub}=150℃$；

$T_{l,cast\ iron}$——液体磷生铁的温度，$T_{l,cast\ iron}=1400℃$；

$\rightarrow TOB=392℃$。

炭碗横截面示意图如附图3所示。

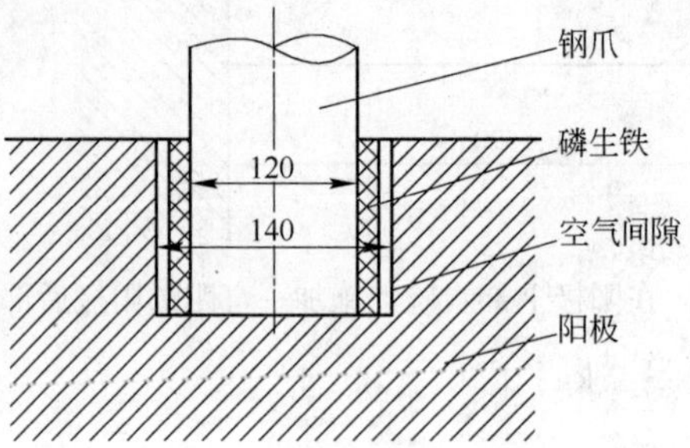

附图3 炭碗横截面示意图

在给定温度下，由于钢爪/磷生铁对炭块的相对延长率的影响，阳极中的应力增加。用下式可以测出延长率：

$$\frac{\Delta L}{L}=\varepsilon=\alpha\times\Delta T \tag{附8}$$

式中 ΔL——长度改变量，m；

L——总长度，m；

ε——应变，(－)；

α——线膨胀系数，K^{-1}；

ΔT——温度变化，K。

正如我们假设的：在阳极浇注期间，所有的热量穿透生铁进入钢爪，因此这时阳极的热膨胀可以忽略。所以在 *TOB* 时，测出的空气间隙和阳极中产生的应力为：

$$\Delta L_{stub}=\phi_{stub}\times\alpha_{stub}\times(TOB-T_{p,stub}) \tag{附9}$$

式中 ΔL_{stub}——钢爪直径的改变量，m；

ϕ_{stub}——钢爪直径，m；$\phi_{stub}=120mm$；

α_{stub}——钢的 CTE，K^{-1}；$\alpha_{stub}=1.6\times10^{-5}K^{-1}$；

$\rightarrow\Delta L_{stub}=0.4646mm$。

$$\Delta L_{cast\ iron}=D_{cast\ iron}\times(\alpha_{cast\ iron}\times(T_{s,cast\ iron}-TOB)+S_{cast\ iron}) \tag{附10}$$

式中 $\Delta L_{cast\ iron}$——磷生铁厚度的改变量，m；

$D_{cast\ iron}$——磷生铁的厚度，m；$D_{cast\ iron}=20mm$；

$T_{s,cast\ iron}$——磷生铁固相点温度，℃；$T_{s,cast\ iron}=1150℃$；

$S_{cast\ iron}$——磷生铁固态后收缩率，(－)；$S_{cast\ iron}=0.01$；

$\rightarrow\Delta L_{cast\ iron}=0.4350mm$。

因此如下可测出在钢爪/磷生铁和炭碗周长（附3）间的空气间隙：

$$\Delta L_{\text{air gap}} = \Delta L_{\text{cast iron}} - \Delta L_{\text{stub}} = -0.0297\text{mm}$$

负值表示没有空气间隙，因此阳极承受的张应力为：

$$\sigma_{\text{anode}} = -\frac{E_{\text{anode}} \times \Delta L_{\text{air gap}}}{L_{\text{anode}}} \tag{附11}$$

式中 σ_{anode}——阳极炭碗周围的张应力，N/m^2；

E_{anode}——阳极的杨氏模量，$E_{\text{anode}} = 5.0 \times 10^9 N/m^2$；

L_{anode}——炭碗直径，m；$L_{\text{anode}} = 140\text{mm}$。

$\rightarrow \sigma_{\text{anode}} = 1.04\text{MPa}$。

根据式（附8）和式（附11），我们能够测出电解过程中产生的应力。当阳极上部温度最大时，在阳极使用后期应力可能达到最大值。下面测出了（理论上）炭碗温度为960℃时阳极中的应力。

$$\Delta L_{\text{anode}} = D_{\text{anode}} \times \alpha_{\text{anode}} \times (T_0 - T_{\text{ambient}}) \tag{附12}$$

式中 ΔL_{anode}——炭碗直径的改变量，m；

D_{anode}——炭碗直径，$D_{\text{anode}} = 140\text{mm}$；

α_{anode}——阳极的 CTE，$\alpha_{\text{anode}} = 4.0 \times 10^{-6} K^{-1}$；

T_0——实际温度，$T_0 = 960$℃；

T_{ambient}——室温，$T_{\text{ambient}} = 25$℃；

$\rightarrow \Delta L_{\text{anode}} = 0.5236\text{mm}$。

$$\Delta L_{\text{stub}} = \phi_{\text{stub}} \times \alpha_{\text{stub}} \times (T_0 - T_{\text{p,stub}}) \tag{附13}$$

式中 ΔL_{stub}——炭碗直径的改变量，m；

ϕ_{stub}——炭碗直径，m；$\phi_{\text{stub}} = 120\text{mm}$；

α_{stub}——钢的 CTE，$\alpha_{\text{stub}} = 1.6 \times 10^{-5} K^{-1}$；

$T_{\text{p,stub}}$——钢爪预热温度，$T_{\text{p,stub}} = 150$℃；

$\rightarrow \Delta L_{\text{stub}} = 1.552\text{mm}$。

$$\Delta L_{\text{cast iron}} = D_{\text{cast iron}} \times (\alpha_{\text{cast iron}} \times (T_{\text{s,cast iron}} - T_0) + S_{\text{cast iron}}) \tag{附14}$$

式中 $\Delta L_{\text{cast iron}}$——磷生铁厚度的改变量，m；

$D_{\text{cast iron}}$——磷生铁厚度，$D_{\text{cast iron}} = 20\text{mm}$；

$\alpha_{\text{cast iron}}$——磷生铁的 CTE，$\alpha_{\text{cast iron}} = 1.55 \times 10^{-5} K^{-1}$；

$T_{\text{s,cast iron}}$——磷生铁的凝固点温度，$T_{\text{s,cast iron}} = 1150$℃；

$S_{\text{cast iron}}$——磷生铁变成固体时的收缩率，$S_{\text{cast iron}} = 0.01$；

$\rightarrow \Delta L_{\text{cast iron}} = 0.2589\text{mm}$。

因此下式给出了在钢爪/磷生铁和炭碗周长之间的空气间隙：

$$\Delta L_{\text{air gap}} = \Delta L_{\text{anode}} - \Delta L_{\text{stub}} + \Delta L_{\text{cast iron}} = -0.7727\text{mm}$$

负值表示没有空气间隙，因此阳极承受的张应力（附11）：

$\rightarrow \sigma_{\text{anode}} = 27.6\text{MPa}$。

1.3 炭碗之间的张应力（第5章5.4.3节）

当钢爪连接架的热膨胀比阳极相应部分的热膨胀高时，就会在阳极上部产生应力。由于钢的线膨胀系数比炭阳极的线膨胀系数要高约4倍，因此在温度变化较大情况下，就会出现张应力。

下面我们沿着对角面，研究阳极和钢爪架的热膨胀及其产生的应力，见附图4。

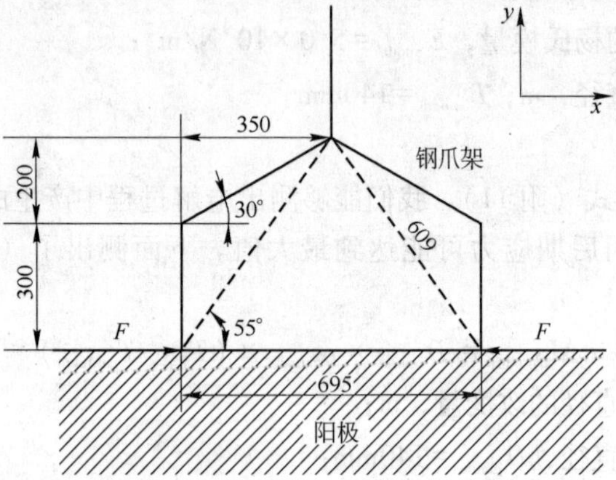

附图4 阳极和钢爪架的热膨胀及其产生的应力

下式给出了阳极上部的热膨胀：

$$\Delta L_{anode} = L_{anode} \times \alpha_{anode} \times (T_{anode} - T_{ambient}) \quad (附15)$$

$$\Delta L_{x,yoke} = L_{anode} \times \alpha_{yoke} \times (T_{yoke} - T_{ambient}) \quad (附16)$$

式中 ΔL_{anode}——炭碗之间距离的改变量，m；

L_{anode}——炭碗之间的距离，m；

$\Delta L_{x,yoke}$——钢爪架长度的改变量（X分量），m；

α_{anode}——炭阳极的CTE，K^{-1}；

α_{yoke}——钢爪架的CTE，K^{-1}；

T_{anode}——阳极上部的温度，℃；

T_{yoke}——钢爪架的温度，℃；

$T_{ambient}$——室温，℃。

需要通过钢爪架和炭块的弹性延长补偿钢爪架和阳极间的热膨胀差：

$$\Delta L_{x,yoke} - \Delta L_{anode} = \Delta x_{total} = \Delta x_{yoke} - \Delta x_{anode} \quad (附17)$$

式中 Δx_{total}——钢爪架和阳极间总的膨胀差，m；

Δx_{yoke}——钢爪架的弹性伸长，m；

Δx_{anode}——阳极的弹性伸长，m。

下式给出了钢爪架的弹性伸长：

$$\Delta x_{yoke} = \frac{\sin 55° \times F_x \times L_{yoke}^3}{3 \times E_{yoke} \times I} \quad (附18)$$

式中 F_x——膨胀差别产生的力（X分量），N；

L_{yoke}——钢爪架的长度，m；

E_{yoke}——钢爪架的杨氏模量，N/m^2；

I——轴向转动惯量（$I=b\times h^3/12$），m^4；

b——钢爪架的宽度，m；

h——钢爪架的高度，m。

下式给出了阳极的弹性伸长：

$$\Delta x_{anode} = \frac{F_x \times L_{anode}}{2 \times A \times E_{anode}} \tag{附 19}$$

式中 A——受弹性应变影响的阳极表面积，m^2；

E_{anode}——阳极的杨氏模量，N/m^2。

因此，产生的力 F_x 可写成：

$$F_x = \frac{\Delta x_{total}}{\frac{6.56 \times L_{yoke}^3}{E_{yoke} b \times h^3} + \frac{L_{anode}}{A \times E_{anode}}} \tag{附 20}$$

所以，下式能够测出阳极上部产生的应力：

$$\sigma_{anode} = \frac{F_x}{A} = \frac{L_{anode} \times \alpha_{yoke} \times (T_{yoke} - T_{ambient}) - L_{anode} \times \alpha_{anode} \times (T_{anode} - T_{ambient})}{\frac{6.56 \times L_{yoke}^3}{E_{yoke} b \times h^3} + \frac{L_{anode}}{A \times E_{anode}}} \tag{附 21}$$

在第 5 章 5.4.3 节表 5－6 和表 5－7 中，对其结果进行了总结。作为例子，计算阳极上部应力时的条件见附表 1（也可以见附图 4）。

附表 1 计算阳极应力时的条件

条 件	钢 爪 架	阳 极
L/mm	609	695
α/K^{-1}	1.6×10^{-5}	4.0×10^{-6}
ΔT/K	200－25	400－25
$E/N\cdot mm^{-2}$	2.0×10^5	5.0×10^3
b/mm	60	
h/mm	60；150	
A/mm^2		$150^2=22500$

因为 $h=60$mm：$\sigma_{anode}=0.069$MPa

因为 $h=150$mm：$\sigma_{anode}=0.935$MPa

1.4 影响抗热冲击性的因素（*TSR*）

第 5 章说明影响抗热冲击性（*TSR*）各种因素是根据下表描述的数据进行的。第 4 章 4.4.3 节中 *TSR* 是按照式（4－30）得出的，并且第 4 章 4.4.4 节中说明了与热冲击有关因素的测定。用黑体字给出特殊因素的变化值。

如图 5－2 所示，ko-kneader 混捏比能对抗热冲击性（*TSR*）的影响见附表 2。

附表 2 ko-kneader 混捏比能对抗热冲击性（*TSR*）的影响

因 素	混捏比能/kW · h · t^{-1}		
	5	10	15
α/K^{-1}	4.0×10^{-6}	4.0×10^{-6}	4.0×10^{-6}
E/N · m^{-2}	4.0×10^{9}	4.5×10^{9}	5.0×10^{9}
G/J · m^{-2}	92	190	225
m/（－）	3.0	8.0	13
v/（－）	0.1	0.1	0.1
λ/W ·（m · K）$^{-1}$	4.0	4.0	4.0
a/m	2.0×10^{-5}	2.0×10^{-5}	2.0×10^{-5}
Y/（－）	8.0	8.0	8.0
长度/m	1.40	1.40	1.40
宽度/m	0.72	0.72	0.72
V_{Anode}/m^3	0.25	0.25	0.25
V_{Sample}/m^3	1.57×10^{-5}	1.57×10^{-5}	1.57×10^{-5}
L/m	0.15	0.15	0.15
h/W ·（m^2 · K）$^{-1}$	17.5	17.5	17.5
ΔT/K	940	940	940
TSR/（－）	0.44	1.62	2.11
TSR/%	27	100	130

参照图 5－3，混捏温度对抗热冲击性（*TSR*）的影响见附表 3。

附表 3 混捏温度对抗热冲击性（*TSR*）的影响

因 素	混捏温度/℃		
	160	175	190
α/K^{-1}	4.0×10^{-6}	4.0×10^{-6}	4.0×10^{-6}
E/N · m^{-2}	4.0×10^{9}	4.5×10^{9}	5.0×10^{9}
G/J · m^{-2}	92	190	225
m/（－）	3.0	8.0	13
v/（－）	0.1	0.1	0.1
λ/W ·（m · K）$^{-1}$	4.0	4.0	4.0
a/m	2.0×10^{-5}	2.0×10^{-5}	2.0×10^{-5}
Y/（－）	8.0	8.0	8.0
长度/m	1.40	1.40	1.40
宽度/m	0.72	0.72	0.72
V_{Anode}/m^3	0.25	0.25	0.25
V_{Sample}/m^3	1.57×10^{-5}	1.57×10^{-5}	1.57×10^{-5}
L/m	0.15	0.15	0.15
h/W ·（m^2 · K）$^{-1}$	17.5	17.5	17.5
ΔT/K	940	940	940
TSR/（－）	0.44	1.62	2.11
TSR/%	27	100	130

参照图5-7，焙烧温度梯度（200~600℃）对抗热冲击性（*TSR*）的影响见附表4。

附表4 焙烧温度梯度对抗热冲击性（*TSR*）的影响

因 素	焙烧温度梯度/℃·h^{-1}		
	10	14	20
α/K^{-1}	4.0×10^{-6}	4.0×10^{-6}	4.0×10^{-6}
E/N·m^{-2}	4.5×10^{9}	4.5×10^{9}	4.5×10^{9}
G/J·m^{-2}	225	190	160
m/（-）	13	8.0	3.0
v/（-）	0.1	0.1	0.1
λ/W·（m·K）$^{-1}$	4.0	4.0	4.0
a/m	2.0×10^{-5}	2.0×10^{-5}	2.0×10^{-5}
Y/（-）	8.0	8.0	8.0
长度/m	1.40	1.40	1.40
宽度/m	0.72	0.72	0.72
V_{Anode}/m^3	0.25	0.25	0.25
V_{Sample}/m^3	1.57×10^{-5}	1.57×10^{-5}	1.57×10^{-5}
L/m	0.15	0.15	0.15
h/W·（m^2·K）$^{-1}$	17.5	17.5	17.5
ΔT/K	940	940	940
TSR/（-）	2.23	1.62	0.54
TSR/%	137	100	33

参照图5-8，最终焙烧温度对抗热冲击性（*TSR*）影响见附表5。

附表5 最终焙烧温度对抗热冲击性（*TSR*）的影响

因 素	最终焙烧温度/℃		
	950	1150	1250
α/K^{-1}	4.0×10^{-6}	4.0×10^{-6}	4.0×10^{-6}
E/N·m^{-2}	4.75×10^{9}	4.5×10^{9}	4.0×10^{9}
G/J·m^{-2}	190	190	190
m/（-）	8.0	8.0	8.0
v/（-）	0.1	0.1	0.1
λ/W·（m·K）$^{-1}$	3.0	4.0	5.0
a/m	2.0×10^{-5}	2.0×10^{-5}	2.0×10^{-5}
Y/（-）	8.0	8.0	8.0
长度/m	1.40	1.40	1.40
宽度/m	0.72	0.72	0.72
V_{Anode}/m^3	0.25	0.25	0.25
V_{Sample}/m^3	1.57×10^{-5}	1.57×10^{-5}	1.57×10^{-5}
L/m	0.15	0.15	0.15
h/W·（m^2·K）$^{-1}$	17.5	17.5	17.5
ΔT/K	940	940	940
TSR/（-）	1.18	1.62	2.15
TSR/%	73	100	133

参照图5-8，阳极和电解槽间温差对抗热冲击性（*TSR*）影响见附表6。

附表6 阳极和电解槽间温差对抗热冲击性（*TSR*）的影响

因 素	温差/℃		
	760	940	1050
α/K^{-1}	4.0×10^{-6}	4.0×10^{-6}	4.0×10^{-6}
$E/N\cdot m^{-2}$	4.5×10^{9}	4.5×10^{9}	4.5×10^{9}
$G/J\cdot m^{-2}$	190	190	190
$m/(-)$	8.0	8.0	8.0
$v/(-)$	0.1	0.1	0.1
$\lambda/W\cdot(m\cdot K)^{-1}$	4.0	4.0	4.0
a/m	2.0×10^{-5}	2.0×10^{-5}	2.0×10^{-5}
$Y/(-)$	8.0	8.0	8.0
长度/m	1.40	1.40	1.40
宽度/m	0.72	0.72	0.72
V_{Anode}/m^3	0.25	0.25	0.25
V_{Sample}/m^3	1.57×10^{-5}	1.57×10^{-5}	1.57×10^{-5}
L/m	0.15	0.15	0.15
$h/W\cdot(m^2\cdot K)^{-1}$	17.5	17.5	30
$\Delta T/K$	760	940	1050
$TSR/(-)$	2.01	1.62	0.85
$TSR/\%$	124	100	52

参照图5-8，小阳极浸入深度对抗热冲击性（*TSR*）的影响见附表7。

附表7 小阳极浸入深度对抗热冲击性能（*TSR*）的影响

因 素	小阳极浸入深度/mm		
	75	150	250
α/K^{-1}	4.0×10^{-6}	4.0×10^{-6}	4.0×10^{-6}
$E/N\cdot m^{-2}$	4.5×10^{9}	4.5×10^{9}	4.5×10^{9}
$G/J\cdot m^{-2}$	190	190	190
$m/(-)$	10	10	10
$v/(-)$	0.1	0.1	0.1
$\lambda/W\cdot(m\cdot K)^{-1}$	3.0	4.0	5.0
a/m	2.0×10^{-5}	2.0×10^{-5}	2.0×10^{-5}
$Y/(-)$	8.0	8.0	8.0
长度/m	0.80	0.80	0.80
宽度/m	0.53	0.53	0.53
V_{Anode}/m^3	0.07	0.11	0.15
V_{Sample}/m^3	1.57×10^{-5}	1.57×10^{-5}	1.57×10^{-5}
L/m	0.075	0.15	0.25
$h/W\cdot(m^2\cdot K)^{-1}$	17.5	17.5	17.5
$\Delta T/K$	940	940	940
$TSR/(-)$	3.89	1.91	1.13
$TSR/\%$	240	118	70

参照图5－16，中等阳极浸入深度对抗热冲击性（*TSR*）影响见附表8。

附表8 中等阳极浸入深度对抗热冲击性（*TSR*）的影响

因 素	中等阳极浸入深度/mm		
	75	150	250
α/K^{-1}	4.0×10^{-6}	4.0×10^{-6}	4.0×10^{-6}
E/N·m^{-2}	4.5×10^{9}	4.5×10^{9}	4.5×10^{9}
G/J·m^{-2}	190	190	190
m/（－）	8.0	8.0	8.0
v/（－）	0.1	0.1	0.1
λ/W·（m·K）$^{-1}$	4.0	4.0	4.0
a/m	2.0×10^{-5}	2.0×10^{-5}	2.0×10^{-5}
Y/（－）	8.0	8.0	8.0
长度/m	1.40	1.40	1.40
宽度/m	0.72	0.72	0.72
V_{Anode}/m^3	0.18	0.25	0.35
V_{Sample}/m^3	1.57×10^{-5}	1.57×10^{-5}	1.57×10^{-5}
L/m	0.075	0.15	0.25
h/W·（m^2·K）$^{-1}$	17.5	17.5	17.5
ΔT/K	940	940	940
TSR/（－）	3.32	1.62	0.95
TSR/%	205	100	59

参照图5－16，大阳极浸入深度对抗热冲击性（*TSR*）的影响见附表9。

附表9 大阳极浸入深度对抗热冲击性（*TSR*）的影响

因 素	大阳极浸入深度/mm		
	75	150	250
α/K^{-1}	4.0×10^{-6}	4.0×10^{-6}	4.0×10^{-6}
E/N·m^{-2}	4.5×10^{9}	4.5×10^{9}	4.5×10^{9}
G/J·m^{-2}	190	190	190
m/（－）	6.0	6.0	6.0
v/（－）	0.1	0.1	0.1
λ/W·（m·K）$^{-1}$	4.0	4.0	4.0
a/m	2.0×10^{-5}	2.0×10^{-5}	2.0×10^{-5}
Y/（－）	8.0	8.0	8.0
长度/m	1.42	1.42	1.42
宽度/m	1.00	1.00	1.00
V_{Anode}/m^3	0.25	0.36	0.50
V_{Sample}/m^3	1.57×10^{-5}	1.57×10^{-5}	1.57×10^{-5}
L/m	0.075	0.15	0.25
h/W·（m^2·K）$^{-1}$	17.5	17.5	17.5
ΔT/K	940	940	940
TSR/（－）	2.65	1.29	0.75
TSR/%	164	79	46

2 在全世界范围内对阳极的热冲击性进行调查的结果

在铝工业中，人们进行研究对热冲击问题的认识有了进一步的提高（Meier，1992）。在这项调查研究中，有来自全世界的许多公司都参与了这项调查。每家公司都从阳极中钻取样品，并送到 R&D 炭素公司实验室进行了分析研究，因此我们能够创建与热冲击有关性能的数据库。

在附录 2.1 中对调查研究的结果进行了总结。根据对典型电解槽的假设情况，对每批阳极的 *TSR* 进行了测定（按照第 4 章 4.4.4 节中描述的数值）。所以，在电解槽的状况不是典型情况时，得到的 *TSR* 与阳极实际破裂率关联性并不太好。

2.1 工厂 A：批号 1 号和批号 2 号

这家工厂的样品分两批送到 RDC：批号 1 号有 90 个样品芯组成，批号 2 号由 60 个样品芯组成。第二次送到的圆柱形样品平均直径为 53.0mm。所以必须将它们进行加工使其直径为 50.0mm。这样，我们将这两批样品分开放置，就是为了避免由于加工带来的难以觉察的影响。事实上，在加工期间样品中已经存在的缺陷在一定情况下会发展成严重的开裂。

但是这些样品送到 RDC 时，两批样品的裂纹率已经比较高了。大约 35% 的样品芯上面可以清晰的看到裂缝，并且有 5% 的样品到达 RDC 时就已经断成两半了。

样品加工后严重开裂的程度显著增加了。有 15% 的样品断成两截。由于存在这些裂缝，所以我们能假设材料对任何应力负载是非常敏感的。

批号 1 号和批号 2 号的体积密度的平均偏差和标准偏差都在普通范围之内。而比电阻数据提高得很多，特别是对有关的标准偏差来说（这就证明了微裂纹的存在）。正如预期的，根据外观检查，特别是批号 2 号的样品抗折强度都非常低，标准偏差高。然而，由于一些小裂纹的影响非常小，所以抗压强度非常高。杨氏模量和断裂能都在普通范围之内（尽管后者的标准偏差高），而线膨胀系数提高了。在二甲苯中平均密度正常，标准偏差甚至显著偏低（特别是批号 1 号的样品）。这说明阳极的最终焙烧温度非常好。两批样品的二氧化碳反应性都很好，但是空气反应性损失低于平均值。

用韦伯统计方法对抗折强度进行分析，说明样品存在严重的结构强度问题。如果在实际测试前将那些已经断裂的样品抗折强度设为 0，那么我们得出的韦伯模量几乎都低于典型值。

根据结果（*TSR* = 8，*resp.* 2%）观察值与从工厂炉子得到的信息对应得很好。在电解内发生了严重的阳极破裂问题（主要是阳极的上部分损失问题，特别是由于阳极几何尺寸不对称）。估计阳极破裂的比例为 35%。

对此，我们推荐在阳极工厂进行攻关。对在阳极中发生的这种严重破裂问题，沥青含量和/或粉子细度变化没有受到控制可能是原因所在。

2.2 工厂 B：批号 3 号和批号 4 号

批号 3 号样品的体积密度更低，标准偏差显著高。比电阻恰恰在平均范围内，而标准偏差也高。断裂能、抗折强度以及抗压强度和杨氏模量高的不寻常。线膨胀系数也是这样。空气渗透性的标准偏差要比相应的平均值高 3 倍。

将扩展的空气渗透性标准偏差和体积密度以及比电阻结合在一起，它们的标准偏差也比一般的高，这些都说明在阳极工厂存在的一些问题。可能是由于沥青/粉子含量或者混捏比能控制不适合引起的。

不幸的是，RDC 没有收到关于阳极性能这家工厂炉子的任何背景资料。但是根据试验结果，我们能够推断出在电解槽（电解槽温高和/或者电解液运动剧烈）情况不是很理想的情况下，这样的阳极更容易发生热冲击问题。

批号 4 号的样品要比批号 3 号的质量明显好。体积密度更高，相应的标准偏差非常小。比电阻好像非常低，标准偏差小。抗折强度恰恰高于批号 3 号，但是得出的韦伯模量值对于阳极来讲很异常（$m=15$）。抗压强度平均值，杨氏模量和断裂能都非常高，这与批号 3 号类似，但是变化较小。

对工厂 B 的这两批样来说，在二甲苯中的密度和热导率都非常低。由于在二氧化碳和空气中脱落更高，所以说明阳极的焙烧程度应该是非常低（低于 1100℃）。因此，好像有在焙烧操作中改进抗热冲击的机会。

根据 *TSR* 为 1.60，这批样品比前面的一批样品在电解槽状况不好的情况下，抗热冲击性能更好些。

2.3 工厂 C：批号 5 号和批号 6 号

起初看这两批样品性能没有很大差别。两批样品体积密度都相似，并且在典型范围内。可以看到比电阻要稍微有些不同，批号 6 号较低，抗折强度和抗压强度批号 6 号较高，杨氏模量批号 6 号较高，并且热导率批号 6 号较低。二甲苯中密度差别显著：批号 5 号平均值高于批号 6 号，并且分散情况较小。两批样品的空气渗透性都在普通范围内，两者彼此差别不大。

尽管批号 6 号的抗热冲击性较高（*TSR* = 40%；批号 5 号：*TSR* = 24%），但是阳极在电解槽中的性能要比批号 5 号的阳极差。据报道：由于热冲击造成的破裂率对批号 5 号来说为 5%，对批号 6 号来说为 8%。是根据后者在电解槽中的位置来说的。这样就在特定情况下强调了电解槽内状况的重要性。像槽温增加或者由于电解槽磁场不受控制对电解液的运动影响大，这些因素必须通过用优质的阳极来弥补这种影响带来的不足。

纯度数据（S，V，Ni）说明，两批样品使用的焦子类型不同。如果批号 6 号使用的焦子沥青需求量低于批号 5 号，如果在阳极厂没有进行任何沥青需求量的调整，那么批号 6 号样品的非弹性性能（杨氏模量）增加。

批号 6 号的二甲苯中的密度低以及密度较为分散，说明焙烧程度较低并且同质性较差。这样也会导致阳极非弹性性能较高，热导率较低。

所以，阳极工厂和焙烧炉都有增加阳极现有质量的可能性。做出一些调整，例如即使是电解槽条件很差，调整沥青含量以及焙烧更加均匀能增加批号 6 号的抗热冲击性。

2.4 工厂D：批号7号

关于与抗热冲击有关的性能来说，好像它们应该在不能导致阳极发生任何破裂的范围之内。体积密度和杨氏模量以及线膨胀系数更低，而断裂能和热导率大部分都高。这种性能的材料应该能说明抗热冲击性高，也可以从计算出的*TSR*为99%可以看出。

但是，据报道这家工厂的炉子炭碗周围残极破裂率高，难以令人接受。又报道了阳极材料空气消耗过量。查找这家工厂的背景资料，这种不寻常的行为可以解释为：通过将电阻率降低到最大程度来选择一种非典型体系将能量消耗降低到最小，是为了得到的电阻率最小，在极高的温度下焙烧。由于脱硫现象导致空气燃烧极差，温度超过1200℃视为阳极焙烧过度。这种阳极空气燃烧差不仅导致空气反应性损失大，而且也会因热导率呈指数增加导致阳极上部温度极高。

在这种情况下，达到比电阻低，抗热冲击性也高的想法会导致阳极空气燃烧严重，这样最终能导致残极破裂。

2.5 工厂E：批号8号

对批号8号的样品性能分析说明，这种情况很有意义。同时体积密度、抗折强度以及断裂能和热导率数值在标准范围内，杨氏模量不寻常的低。

然而，得到的*TSR* =44%非常低，这主要是由于韦伯模量和热导率更低引起的结果。据报道：尽管计算出的*TSR*低，阳极没有受到热破裂问题影响。因此必须假设这时电解槽内的条件非常适宜，引起的热冲击比较小。因此调整热传递率将会使*TSR*数值增加达到典型范围之内。

从这家工厂的背景资料中可以指出：为了得到低杨氏模量，而没有降低阳极体积密度和抗折强度，要优化配方，特别是沥青/粉子比。这是杨氏模量有较小降低与其他结构性能无关的可能性之一。

2.6 工厂F：批号9号

据这家工厂报告，阳极没有发生热破裂问题。事实上，由于二氧化碳和空气反应性都非常好，实际现状也是非常有利的。通过13个月的时间，从生产阳极内取样并送到RDC，分析出的结果也是非常显著的。对具有优质阳极性能的工厂而言，所测量性能一致性在典型范围内。考虑到电解槽的情况可能要比假设的好，因此计算出的*TSR*为78%，这个数据足够高。

为了对这种适宜的条件进行更好的了解，并且也是为了得到真实情况，这家公司决定合作参与这样的研究工作。阳极的结构性能数据发生在理想范围之内。所以，我们不必在这点上对试验结果做进一步讨论。

2.7 工厂G：批号7号

对样品进行首次外观检查说明：整批样品芯水平破裂数量显著。这样的破裂可以清晰的看出，它们的大小都保持在运输和处理期间，材料不能发生断裂的范围之外。

破裂强烈影响着比电阻（平均值和标准偏差高）和抗折强度（平均值低并且韦伯模

量高)。抗压强度非常典型，在本合作研究中，它甚至是非常低。就抗热冲击性来说，杨氏模量和线膨胀系数都清楚在适宜的范围之处。断裂能非常典型，而热导率有标准平均值，但是标准偏差也提高了。在二甲苯中密度以及空气渗透性比典型值分散更显著。

据报道：尽管由于计算出的 *TSR* 为 25%，很可能发生热冲击问题，但是阳极破裂率非常低。所以一定假设电解槽的条件是非常适合的，从而对阳极造成的热冲击小。

由于通过整批样品和比电阻以及抗折强度的分散情况，我们能清楚的观察到水平破裂，所以能够假设在成型和焙烧期间发生的问题。由于抗压强度不依赖破裂是否发生，所以它的数据非常标准。因为抗压强度与抗折强度的比率比通常情况高得多，因此我们期望自由裂缝区域（也就是角部区域）的抗折强度要比测量出的平均值显著高。

为了消除裂缝集中程度高，我们推荐检查阳极的成型和焙烧条件。最后发现样品中 Al、Na 和 F 元素过量，这可以清楚地表明需要改善残极的清理情况。

2.8　工厂 H

这家大型工厂经历了令人担忧的电解槽阳极破裂问题。在 1993 年末，阳极破裂率达到 3%。为了发现这种不适宜条件发展的原因，这家工厂开始送样品到 R&D 公司分析与热冲击有关的性能。

按照裂缝类型（主要是角部裂缝和少量垂直裂缝），这家工厂是一个阳极受热冲击破坏的典型案例。对试验结果进行估计，说明：主要问题是阳极的结构性能变化太大。抗折强度变化大会导致韦伯模量低于标准值。一般平均断裂能分布低与韦伯模量低结合在一起，能得到不令人满意的抗热冲击 *TSR*：64%。

由于通过前面对破裂阳极数量的监控，这些单个详细的数据对于研究整个破裂过程是有用的。这些数据能与从阳极芯上测试得到的数据进行对比。附图 5 说明，在工厂内实际阳极故障率和计算出的 *TSR* 之间的关联性值得关注。这个例子非常清楚地证明实践上 *TSR* 的正确性。

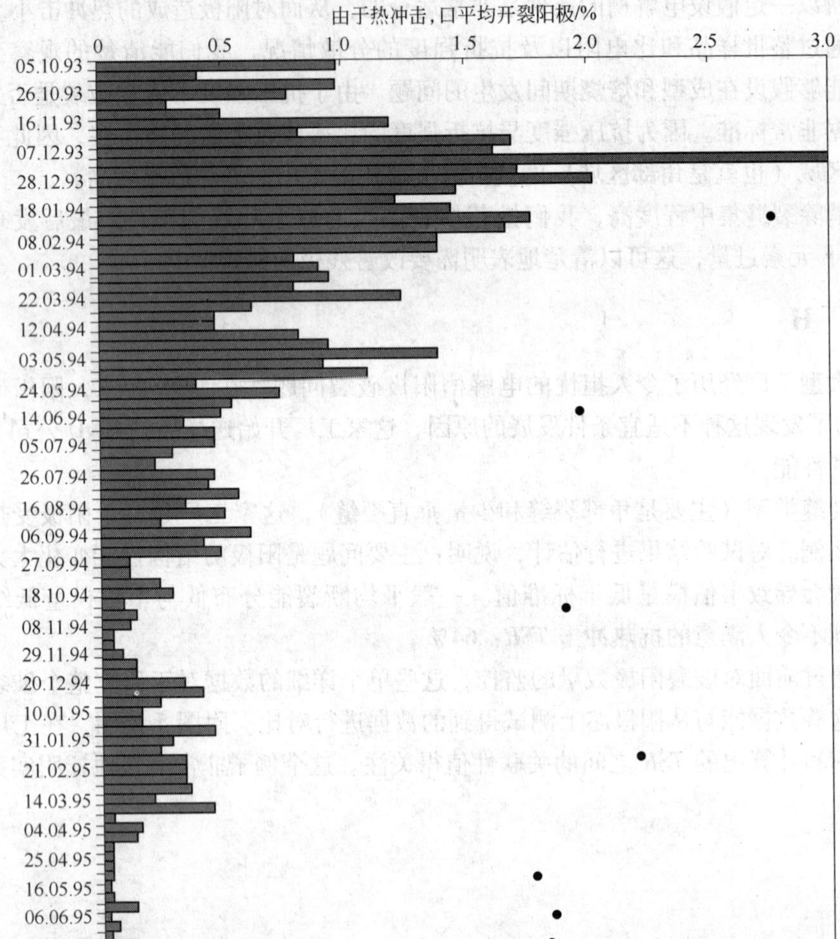

附图 5　有相应 *TSR*（$r = -0.85$）的电解槽 H 造成的阳极开裂情况

2.9 数据单

数据单（1～10）见附表10～附表19。

附表10 数据单（1）

性 能		工厂A，批号1号		
		平均值	$t_{95\%}\cdot s$	n
焙烧体积密度/kg·dm^{-3}		1.570	0.018	60
比电阻/μΩ·m		60	17	60
抗挠强度/MPa		8.1	5.9	30
抗压强度/MPa		54.3	8.0	60
弹性模量/GPa		4.7	1.0	60
线膨胀系数/K^{-1}		4.5×10^{-6}	0.4×10^{-6}	30×10^{-6}
断裂能/J·m^{-2}		283	144	30
热导率/W·（m·K）$^{-1}$		2.9	0.35	60
二甲苯密度/kg·dm^{-3}		2.057	0.009	60
空气渗透性/nPm		0.82	0.97	60
CO_2 反应性/%：残余		92.8	3.4	30
脱落		1.8	3.0	30
损失		5.4	2.3	30
空气反应性/%：残余		65.0	8.0	30
脱落		7.2	2.5	30
损失		27.8	7.6	30
元素（质量分数）/%	S	2.43	0.03	60
	V	341×10^{-4}	7×10^{-4}	60×10^{-4}
	Ni	161×10^{-4}	9×10^{-4}	60×10^{-4}
	Si	37×10^{-4}	37×10^{-4}	60×10^{-4}
	Fe	385×10^{-4}	170×10^{-4}	60×10^{-4}
	Al	621×10^{-4}	795×10^{-4}	60×10^{-4}
	Na	493×10^{-4}	684×10^{-4}	60×10^{-4}
	Ca	106×10^{-4}	101×10^{-4}	60×10^{-4}
	K	6×10^{-4}	2×10^{-4}	60×10^{-4}
	Mg	28×10^{-4}	7×10^{-4}	60×10^{-4}
$V_{阳极}$/m^3		0.25		
韦伯模量/（－）		2.3		
断裂能（98% p.s.）/J·m^{-2}		62		
TSR/（－）		0.13		
TSR/%		8		

附表11　数据单（2）

性　能		工厂A，批号2号		
		平均值	$t_{95\%}\cdot s$	n
焙烧体积密度/$kg\cdot dm^{-3}$		1.574	0.020	40
比电阻/$\mu\Omega\cdot m$		59	19	40
抗挠强度/MPa		8.6	7.8	20
抗压强度/MPa		56.5	8.5	40
弹性模量/GPa		4.9	1.1	20
线膨胀系数/K^{-1}		4.6×10^{-6}	0.62×10^{-6}	20×10^{-6}
断裂能/$J\cdot m^{-2}$		306	150	40
热导率/$W\cdot(m\cdot K)^{-1}$		3.17	0.62	40
二甲苯密度/$kg\cdot dm^{-3}$		2.063	0.019	40
空气渗透性/nPm		0.84	1.28	20
CO_2反应性/%：残留		93.9	3.9	20
脱落		1.2	1.5	20
损失		4.9	2.6	19
空气反应性/%：残留		66.5	9.6	19
脱落		6.0	4.5	19
损失		27.5	7.1	40
元素（质量分数）/%	S	2.42	0.04	40
	V	343×10^{-4}	4×10^{-4}	40×10^{-4}
	Ni	163×10^{-4}	5×10^{-4}	40×10^{-4}
	Si	31×10^{-4}	12×10^{-4}	40×10^{-4}
	Fe	374×10^{-4}	225×10^{-4}	40×10^{-4}
	Al	534×10^{-4}	502×10^{-4}	40×10^{-4}
	Na	370×10^{-4}	96×10^{-4}	40×10^{-4}
	Ca	92×10^{-4}	23×10^{-4}	40×10^{-4}
	K	6×10^{-4}	1×10^{-4}	40×10^{-4}
	Mg	28×10^{-4}	4×10^{-4}	40×10^{-4}
	F	116×10^{-4}	31×10^{-4}	40×10^{-4}
	Cl	25×10^{-4}	1×10^{-4}	40×10^{-4}
$V_{阳极}/m^3$			0.25	
韦伯模量/（-）			1.5	
断裂能（98% p.s.）/$J\cdot m^{-2}$			28	
TSR/（-）			0.03	
TSR/%			2	

附表 12 数据单（3）

性能		工厂 B，批号 3 号		
		平均值	$t_{95\%}\cdot s$	n
焙烧体积密度/kg · dm $^{-3}$		1.536	0.043	96
比电阻/μΩ · m		55	7	96
抗挠强度/MPa		14.2	4.5	48
抗压强度/MPa		66.4	16.0	96
弹性模量/GPa		5.5	2.0	96
线膨胀系数/K $^{-1}$		4.3×10^{-6}	0.61×10^{-6}	48×10^{-6}
断裂能/J · m $^{-2}$		365	110	48
热导率/W ·（m · K）$^{-1}$		2.9	0.75	95
二甲苯中密度/kg · dm $^{-3}$		2.057	0.016	60
空气渗透性/nPm		2.23	6.41	95
CO_2 反应性/%：残余		90.7	4.4	24
脱落		2.6	2.9	24
损失		6.7	2.3	24
空气反应性/%：残余		69.6	11.3	24
脱落		6.3	3.4	24
损失		24.1	8.8	24
元素（质量分数）/%	S	2.30	0.04	60
	V	203×10^{-4}	6×10^{-4}	96×10^{-4}
	Ni	139×10^{-4}	5×10^{-4}	96×10^{-4}
	Si	113×10^{-4}	78×10^{-4}	96×10^{-4}
	Fe	893×10^{-4}	404×10^{-4}	96×10^{-4}
	Al	588×10^{-4}	179×10^{-4}	96×10^{-4}
	Na	417×10^{-4}	228×10^{-4}	96×10^{-4}
	Ca	131×10^{-4}	27×10^{-4}	96×10^{-4}
	K	12×10^{-4}	1×10^{-4}	96×10^{-4}
	Mg	20×10^{-4}	3×10^{-4}	96×10^{-4}
	F	136×10^{-4}	46×10^{-4}	96×10^{-4}
	Cl	25×10^{-4}	1×10^{-4}	96×10^{-4}
$V_{阳极}$/m ^{3}			0.25	
韦伯模量/（-）			5.9	
断裂能（98% p. s.）/J · m $^{-2}$			204	
TSR/（-）			0.82	
TSR/%			51	

附表 13 数据单（4）

性 能		工厂 B，批号 4 号		
		平均值	$t_{95\%} \cdot s$	n
焙烧体积密度/kg · dm^{-3}		1.575	0.028	99
比电阻/μΩ · m		52	3	99
抗挠强度/MPa		14.0	2.3	49
抗压强度/MPa		69.0	6.4	99
弹性模量/GPa		5.7	1.3	99
线膨胀系数/K^{-1}		4.6×10^{-6}	0.36×10^{-6}	50×10^{-6}
断裂能/J · m^{-2}		370	77	50
热导率/W ·（m · K）$^{-1}$		3.06	0.64	99
在二甲苯中密度/kg · dm^{-3}		2.059	0.019	50
空气反应性/nPm		1.05	0.77	99
CO_2 反应性/%：残余		88.7	5.4	25
脱落		4.0	3.8	25
损失		7.3	3.6	25
空气反应性/%：残余		74.1	10.1	25
脱落		5.0	3.5	25
损失		20.9	7.8	25
元素（质量分数）/%	S	2.22	0.10	99
	V	186×10^{-4}	10×10^{-4}	99×10^{-4}
	Ni	127×10^{-4}	8×10^{-4}	99×10^{-4}
	Si	130×10^{-4}	58×10^{-4}	99×10^{-4}
	Fe	719×10^{-4}	204×10^{-4}	99×10^{-4}
	Al	733×10^{-4}	374×10^{-4}	99×10^{-4}
	Na	413×10^{-4}	117×10^{-4}	99×10^{-4}
	Ca	131×10^{-4}	35×10^{-4}	99×10^{-4}
	K	12×10^{-4}	2×10^{-4}	99×10^{-4}
	Mg	22×10^{-4}	3×10^{-4}	99×10^{-4}
	F	187×10^{-4}	63×10^{-4}	99×10^{-4}
	Cl	25×10^{-4}	2×10^{-4}	99×10^{-4}
$V_{阳极}$/m^3			0.25	
韦伯模量/（-）			15.0	
断裂能（98% p.s.）/J · m^{-2}			295	
TSR/（-）			1.60	
TSR/%			98	

附表 14 数据单（5）

性 能		工厂 C，批号 5 号		
		平均值	$t_{95\%} \cdot s$	n
焙烧体积密度/kg · dm^{-3}		1.526	0.025	99
比电阻/μΩ · m		60	6	99
抗挠强度/MPa		7.0	4.6	50
抗压强度/MPa		40.6	8.6	99
弹性模量/GPa		4.1	1.1	99
线膨胀系数/K^{-1}		4.0×10^{-6}	0.58×10^{-6}	50×10^{-6}
断裂能/J · m^{-2}		262	124	50
热导率/W · （m · K）$^{-1}$		3.4	1.00	99
二甲苯密度/kg · dm^{-3}		2.084	0.019	99
空气渗透性/nPm		0.83	0.91	99
CO_2 反应性/%：残余		88.0	6.2	50
脱落		3.8	3.9	50
损失		8.2	2.9	50
空气反应性/%：残余		67.0	14.1	50
脱落		7.9	5.4	50
损失		25.1	16.2	50
元素（质量分数）/%	S	2.34	0.27	99
	V	209×10^{-4}	28×10^{-4}	99×10^{-4}
	Ni	172×10^{-4}	46×10^{-4}	99×10^{-4}
	Si	167×10^{-4}	234×10^{-4}	99×10^{-4}
	Fe	438×10^{-4}	162×10^{-4}	99×10^{-4}
	Al	573×10^{-4}	550×10^{-4}	99×10^{-4}
	Na	412×10^{-4}	137×10^{-4}	99×10^{-4}
	Ca	237×10^{-4}	251×10^{-4}	99×10^{-4}
	K	10×10^{-4}	12×10^{-4}	99×10^{-4}
	Mg	44×10^{-4}	92×10^{-4}	99×10^{-4}
	F	247×10^{-4}	180×10^{-4}	99×10^{-4}
	Cl	25×10^{-4}	3×10^{-4}	99×10^{-4}
$V_{阳极}$/m^3			0.25	
韦伯模量/（-）			3.2	
断裂能（98% p.s.）/J · m^{-2}			88	
TSR/（-）			0.40	
TSR/%			24	

附表 15 数据单（6）

性 能		工厂 C，批号 6 号		
		平均值	$t_{95\%}\cdot s$	n
焙烧体积密度/kg·dm^{-3}		1.55	0.022	99
比电阻/μΩ·m		57	5	99
抗挠强度/MPa		8.9	3.9	49
抗压强度/MPa		49.0	9.6	99
弹性模量/GPa		4.8	1.6	99
线膨胀系数/K^{-1}		4.1×10^{-6}	0.41×10^{-6}	50×10^{-6}
断裂能/J·m^{-2}		254	132	50
热导率/W·（m·K）$^{-1}$		3.16	1.25	99
二甲苯密度/kg·dm^{-3}		2.071	0.029	50
空气渗透性/nPm		0.84	1.28	99
CO_2 反应性/%：残余		92.2	3.7	50
脱落		1.4	2.4	50
损失		6.4	2.0	50
空气反应性/%：残余		66.6	10.9	50
脱落		5.1	4.3	50
损失		28.3	9.7	50
元素（质量分数）/%	S	2.49	0.09	99
	V	230×10^{-4}	6×10^{-4}	99×10^{-4}
	Ni	199×10^{-4}	6×10^{-4}	99×10^{-4}
	Si	86×10^{-4}	50×10^{-4}	99×10^{-4}
	Fe	419×10^{-4}	342×10^{-4}	99×10^{-4}
	Al	539×10^{-4}	448×10^{-4}	99×10^{-4}
	Na	344×10^{-4}	157×10^{-4}	99×10^{-4}
	Ca	168×10^{-4}	74×10^{-4}	99×10^{-4}
	K	5×10^{-4}	1×10^{-4}	99×10^{-4}
	Mg	27×10^{-4}	15×10^{-4}	99×10^{-4}
	F	189×10^{-4}	131×10^{-4}	99×10^{-4}
	Cl	24×10^{-4}	2×10^{-4}	99×10^{-4}
$V_{阳极}$/m^3			0.25	
韦伯模量/（-）			4.8	
断裂能（98% p.s.）/J·m^{-2}			124	
TSR/（-）			0.66	
TSR/%			40	

附表 16　数据单（7）

性　能		工厂 D，批号 7 号		
		平均值	$t_{95\%} \cdot s$	n
焙烧体积密度/kg · dm^{-3}		1.533	0.046	99
比电阻/μΩ · m		49	6	99
抗挠强度/MPa		12.3	5.1	50
抗压强度/MPa		38.1	16.4	99
弹性模量/GPa		4.4	3.0	99
线膨胀系数/K^{-1}		3.9×10^{-6}	0.60×10^{-6}	50×10^{-6}
断裂能/J · m^{-2}		307	135	50
热导率/W · (m · K)$^{-1}$		6.24	3.9	99
二甲苯密度/kg · dm^{-3}		2.110	0.028	99
空气渗透性/nPm		1.32	1.47	99
CO_2 反应性/%：残余		93.7	4.4	50
脱落		0.6	0.1	50
损失		5.7	4.4	50
空气反应性/%：残余		62.7	6.4	50
脱落		1.5	1.9	50
损失		35.8	7.2	50
元素（质量分数）/%	S	1.49	0.74	99
	V	239×10^{-4}	7×10^{-4}	99×10^{-4}
	Ni	126×10^{-4}	6×10^{-4}	99×10^{-4}
	Si	80×10^{-4}	88×10^{-4}	99×10^{-4}
	Fe	520×10^{-4}	661×10^{-4}	99×10^{-4}
	Al	303×10^{-4}	133×10^{-4}	99×10^{-4}
	Na	369×10^{-4}	206×10^{-4}	99×10^{-4}
	Ca	79×10^{-4}	39×10^{-4}	99×10^{-4}
	K	4×10^{-4}	2×10^{-4}	99×10^{-4}
	Mg	10×10^{-4}	5×10^{-4}	99×10^{-4}
	F	32×10^{-4}	28×10^{-4}	99×10^{-4}
	Cl	24×10^{-4}	5×10^{-4}	99×10^{-4}
$V_{阳极}$/m^3			0.20	
韦伯模量/(－)			4.8	
断裂能（98% p.s.）/J · m^{-2}			150	
TSR/(－)			1.61	
TSR/%			99	

附表 17 数据单（8）

性能		工厂 E，批号 8 号		
		平均值	$t_{95\%} \cdot s$	n
焙烧体积密度/$kg \cdot dm^{-3}$		1.565	0.023	99
比电阻/$\mu\Omega \cdot m$		63	17	99
抗挠强度/MPa		7.4	3.4	49
抗压强度/MPa		48.1	10.0	99
弹性模量/GPa		3.6	0.7	99
线膨胀系数/K^{-1}		4.2×10^{-6}	0.54×10^{-6}	50×10^{-6}
断裂能/$J \cdot m^{-2}$		229	174	50
热导率/$W \cdot (m \cdot K)^{-1}$		2.97	0.60	99
二甲苯密度/$kg \cdot dm^{-3}$		2.071	0.016	50
空气渗透性/nPm		0.55	0.51	99
CO_2 反应性/%：残余		89.6	5.9	50
脱落		2.4	3.2	50
损失		8.0	3.1	50
空气反应性/%：残余		68.3	12.3	50
脱落		4.7	1.7	50
损失		27.0	11.4	50
元素（质量分数）/%	S	2.35	0.05	99
	V	265×10^{-4}	11×10^{-4}	99×10^{-4}
	Ni	151×10^{-4}	4×10^{-4}	99×10^{-4}
	Si	122×10^{-4}	82×10^{-4}	99×10^{-4}
	Fe	406×10^{-4}	163×10^{-4}	99×10^{-4}
	Al	1031×10^{-4}	494×10^{-4}	99×10^{-4}
	Na	576×10^{-4}	109×10^{-4}	99×10^{-4}
	Ca	186×10^{-4}	54×10^{-4}	99×10^{-4}
	K	9×10^{-4}	4×10^{-4}	99×10^{-4}
	Mg	37×10^{-4}	7×10^{-4}	99×10^{-4}
	F	91×10^{-4}	62×10^{-4}	99×10^{-4}
	Cl	25×10^{-4}	5×10^{-4}	99×10^{-4}
$V_{阳极}/m^3$			0.16	
韦伯模量/（-）			4.9	
断裂能（98% p.s.）/$J \cdot m^{-2}$			113	
TSR/（-）			0.71	
TSR/%			44	

附表 18 数据单（9）

性 能		工厂 F，批号 9 号 平均值	$t_{95\%}\cdot s$	n
焙烧体积密度/kg · dm $^{-3}$		1.565	0.030	99
比电阻/μΩ · m		54	4	99
抗挠强度/MPa		10.2	3.4	50
抗压强度/MPa		46.8	12.2	99
弹性模量/GPa		4.1	1.1	99
线膨胀系数/K $^{-1}$		3.9×10^{-6}	0.73×10^{-6}	50×10^{-6}
断裂能/J · m $^{-2}$		289	86	50
热导率/W · (m · K) $^{-1}$		3.47	1.2	99
二甲苯密度/kg · dm $^{-3}$		2.075	0.021	99
空气渗透性/nPm		1.72	2.31	99
CO_2 反应性/%：残余		93.1	4.7	50
脱落		1.3	2.1	50
损失		5.6	3.3	50
空气反应性/%：残余		90.1	9.5	50
脱落		1.2	3.2	50
损失		8.7	6.8	50
元素（质量分数）/%	S	1.47	0.44	99
	V	95×10^{-4}	37×10^{-4}	99×10^{-4}
	Ni	10.4×10^{-4}	56×10^{-4}	99×10^{-4}
	Si	116×10^{-4}	130×10^{-4}	99×10^{-4}
	Fe	326×10^{-4}	165×10^{-4}	99×10^{-4}
	Al	132×10^{-4}	143×10^{-4}	99×10^{-4}
	Na	177×10^{-4}	229×10^{-4}	99×10^{-4}
	Ca	82×10^{-4}	55×10^{-4}	99×10^{-4}
	K	6×10^{-4}	4×10^{-4}	99×10^{-4}
	Mg	19×10^{-4}	8×10^{-4}	99×10^{-4}
	F	75×10^{-4}	76×10^{-4}	99×10^{-4}
	Cl	26×10^{-4}	4×10^{-4}	99×10^{-4}
$V_{阳极}$/m ^{3}			0.25	
韦伯模量/（-）			6.6	
断裂能（98% p. s.）/J · m $^{-2}$			173	
TSR/（-）			1.27	
TSR/%			78	

附表 19 数据单（10）

性 能		工厂 G，批号 10 号		
		平均值	$t_{95\%}\cdot s$	n
焙烧体积密度/kg·dm^{-3}		1.568	0.025	99
比电阻/μΩ·m		59	11	94
抗挠强度/MPa		6.2	4.5	47
抗压强度/MPa		44.2	11.1	99
弹性模量/GPa		4.0	1.5	88
线膨胀系数/K^{-1}		3.9×10^{-6}	0.52×10^{-6}	50×10^{-6}
断裂能/J·m^{-2}		297	103	45
热导率/W·（m·K）$^{-1}$		3.33	1.05	99
二甲苯密度/kg·dm^{-3}		2.076	0.023	50
空气渗透性/nPm		1.60	2.96	99
CO_2 反应性/%：残余		85.2	7.0	25
脱落		4.2	3.7	25
损失		10.5	4.5	25
空气反应性/%：残余		68.1	6.6	25
脱落		8.9	9.5	25
损失		23	9.2	25
元素（质量分数）/%	S	1.79	0.17	99
	V	165×10^{-4}	10×10^{-4}	99×10^{-4}
	Ni	114×10^{-4}	6×10^{-4}	99×10^{-4}
	Si	121×10^{-4}	133×10^{-4}	99×10^{-4}
	Fe	477×10^{-4}	168×10^{-4}	99×10^{-4}
	Al	1026×10^{-4}	1972×10^{-4}	99×10^{-4}
	Na	1153×10^{-4}	1161×10^{-4}	99×10^{-4}
	Ca	229×10^{-4}	103×10^{-4}	99×10^{-4}
	K	14×10^{-4}	7×10^{-4}	99×10^{-4}
	Mg	26×10^{-4}	7×10^{-4}	99×10^{-4}
	F	524×10^{-4}	1557×10^{-4}	99×10^{-4}
	Cl	26×10^{-4}	2×10^{-4}	99×10^{-4}
$V_{阳极}$/m^3			0.11	
韦伯模量/（-）			2.9	
断裂能（98% p.s.）/J·m^{-2}			87	
TSR/（-）			0.40	
TSR/%			25	

主题索引

Subject Index

M

O

P

Q

R

S

T

参 考 文 献

[1] H. A. Adams (1990), "Basic Principles of Delayed Coking", An Overview of Delayed Coking, Adams Consulting, Bedford Heights, OH 44146 ~ 3156, USA.

[2] B. Allard (1990), "Influence de la microstructure sur le comportement à la rupture et la résistance au choc thermique des matériaux carbonés", Ph. D. thesis, Institut national des sciences appliquées de Lyon (INSA), France.

[3] B. Allard et al. (1991), "Fracture Behaviour of Carbon Materials", *Carbon*, Volume 29, No. 3, 457 ~ 468.

[4] T. L. Anderson (1991), "Fracture Mechanics-Fundamentals and Applications", CRC Press.

[5] E. Barillon (1971), "Mechanism of carbon dust formation in aluminium production pots", *ICSOBA*, Milan, 87.

[6] J. Bigot (1990), "Study of Anode Manufacturing Parameters Influencing the Thermal Shock Resistance", *Light Metals*, AIME, Anaheim, 493 ~ 496.

[7] M. Born, S. Starke, A. Seichter (1992), "Elastic Behavior of Electrode Cokes and Relaxation of Press Strains", *Carbon*, Volume 30, No. 2, 141 ~ 145.

[8] J. E. Brocklehurst (1977), "Fracture in Polycrystalline Graphite", *Chemistry and Physics of Carbon*, Vol. 13, ed. P. L. Walker Jr. and P. A. Thrower, Marcel Dekker Inc. New York and Basel.

[9] J. A. Brown, P. J. Rhedey (1975), "Characterisation of Prebaked Anode Carbon by Mechanical and Thermal Properties", *Light Metals*, AIME, New York, 253 ~ 269.

[10] U. Bühler, R. Perruchoud (1995), "Dynamic Process Optimization", *Light Metals*, AIME, Las Vegas, 707 ~ 714.

[11] H. R. Christen (1974), Struktur, Stoff, Reaktion-allgemeine und anorganische Chemie, Diesterweg Salle, Verlag Sauerländer Aarau.

[12] L. S. Cook, A. Wolfenden, G. M. Ludtka (1990), "Longitudinal and Flexural Resonance Methods for the Determination of the Variation with Temperature of Dynamic Young's Modulus in 4330V Steel", *Dynamic Elastic Modulus Measurements in Materials*, ASTM STP 1045, ed. A. Wolfenden, 75 ~ 89.

[13] P. S. Cook (1993), "Finite Element Modelling of Thermal Stress in Anodes", *Light Metals*, AIME, Denver, 603 ~ 609.

[14] J. A. Coppola, R. C. Bradt (1973), "Thermal Shock Damage in Silicon Carbide", *J. Amer. Ceram. Soc.*, Volume 56, No. 4, 214 ~ 218.

[15] E. R. Cutshall, V. L. Bullough (1985), "Influence of baking temperature and anode effects upon carbon sloughing", *Light Metals*, AIME, New York, 1039 ~ 1076.

[16] R. W. Davidge (1979), Mechanical Behaviour of Ceramics, Cambridge University Press, 135 ~ 141.

[17] H. L. Dunegan, D. O. Harris, C. A. Tatro (1968), "Fracture Analysis by Use of Acoustic Emission", *Eng. Fract. Mech.*, Volume 1, 105 ~ 122.

[18] I. A. S. Edwards (1989), Structure in Carbons and Carbon Forms, *Introduction to Carbon Science*, ed. H. Marsh, Butterworths, 1 ~ 36.

[19] K. T. Faber, A. G. Evans (1983), "Crack Deflection Processes I. Theory", *Acta. Metall.*, Vol. 31, No. 4, 565 ~ 576.

[20] R. Farr-Wharton (1980), An Investigation into the Oxidation of Carbon Anode Composites while subjected to Electrolysis in Fused Cryolite-Alumina, Ph. D. thesis, University of New South Wales, Australia.

[21] W. K. Fischer, R. C. Perruchoud (1985), "Influence of coke calcining parameters on petroleum coke quali-

ty", *Light Metals*, AIME, New York, 811 ~ 826.

[22] W. K. Fischer, R. C. Perruchoud (1986), "Factors Influencing the Carboxy and Air Reactivity Behaviour of Prebaked Anodes in Hall-Héroult Cells", *Light Metals*, AIME, New Orleans, 575 ~ 580.

[23] W. K. Fischer, R. C. Perruchoud (1987), "Anode Properties and their Influence on Anode Behaviour in Hall-Héroult cells", 8*th International Light Metals Congress*, *Leoben-Vienna*.

[24] W. K. Fischer, F. Keller, R. C. Perruchoud (1991a), "Interdependence between Anode Net Consumption and Pot Design, Pot Operating Parameters and Anode Properties", *Light Metals*, AIME, New Orleans, 681 ~ 686.

[25] W. K. Fischer, R. C. Perruchoud (1991b), "Interdependence between Properties of Anode Butts and Quality of Prebaked Anodes", *Light Metals*, AIME, New Orleans, 721 ~ 724.

[26] W. K. Fischer, F. Keller, R. C. Perruchoud and S. Oderbolz (1993), "Baking Parameters and the Resulting Anode Quality", *Light Metals*, AIME, Denver, 683 ~ 689.

[27] T. Foosnaes, T. Naterstad (1986), Carbon: Basics and Principles, Understanding the Hall-Héroult Process for Production of Aluminium, ed. K. Grjotheim and H. Kvande, Aluminium Verlag Düsseldorf, 62 ~ 103.

[28] T. Foosnaes, T. Naterstad (1993), Carbon: Basics and Principles, Introduction to Aluminium Electrolysis, Understanding the Hall-Héroult Process 2nd edition, ed. K. Grjotheim and H. Kvande, Aluminium Verlag Düsseldorf, 87 ~ 138.

[29] R. E. Franklin (1951), "Crystallite growth in graphitizing and nongraphitizing carbons", *Proc. Roy. Soc.*, A209, 196.

[30] A. A. Griffith (1920), "The Phenomena of Rupture and Flow in Solids", *Philosophical Transactions*, Series A, Vol 221, 163 ~ 198.

[31] K. Grjotheim, H. Kvande (1993), Introduction to Aluminium Electrolysis 2nd edition, Aluminium Verlag Düsseldorf.

[32] K. Grjotheim, B. J. Welch (1988), Aluminium Smelter Technology 2nd edition, Aluminium Verlag Düsseldorf.

[33] T. K. Gupta (1972), "Strength Degradation and Crack Propagation in Thermally Shocked Al_2O_3", *J. Amer. Ceram. Soc.*, Volume 55, No. 5, 249 ~ 253.

[34] D. P. H. Hasselman (1963), "Elastic Energy at Fracture and Surface Energy as Design Criteria for Thermal Shock", *J. Amer. Ceram. Soc.*, Volume 46, No. 11, 535 ~ 540.

[35] D. P. H. Hasselman (1969), "Unified Theory of Thermal Shock Fracture Initiation and Crack Propagation in Brittle Ceramics", *J. Amer. Ceram. Soc.*, Volume 52, No. 11, 600 ~ 604.

[36] D. P. H. Hasselman (1970), "Strength Behaviour of Polycristalline Alumina Subjected to Thermal Shock", *J. Amer. Ceram. Soc.*, Volume 53, No. 9, 490 ~ 495.

[37] D. P. H. Hasselman (1977), "Rolle der Bruchzähigkeit bei der Temperaturwechsel-beständigkeit feuerfester Erzeugnisse", *Ber. Dt. Keram. Ges.*, Volume 54, No. 6, 195 ~ 201.

[38] E. A. Heintz (1978), "Crystallite growth and ordering of cokes in the pregraphitization temperature range", *Proc.* 5*th London International Carbon and Graphite Conference*, Society of Chemical Industry, Volume Ⅱ, 575.

[39] R. G. Hoagland, J. D. Embury (1980), "A Treatment of Inelastic Deformation Around a Crack Tip due to Microcracking", *J. Am. Ceram. Soc.*, Volume 63, No. 7 ~ 8, 404 ~ 410.

[40] M. Hole, T. Foosnaes, H. A. Oye (1991), "Relationship between Thermal Expansion and Optical Texture of Petrol Coke", *Light Metals*, AIME, New Orleans, 575 ~ 579.

[41] M. Hole, K. M. S. Oye, H. A. Oye and T. Müftüoglu (1992), "Microstructure and Thermal Expansion of Petroleum Coke", *Proceedings of the 5 th International Carbon Conference*, Arbeitskreis Kohlenstoff der Deutschen keramischen Gesellschaft (AKK, DKG), Essen, Germany.

[42] G. J. Houston, H. A. Oye (1985), "Consumption of Anode Carbon during Aluminium Electrolysis", *Aluminium*, Volume 61, No. 4, 251; No. 5, 346, No. 6, 426.

[43] H. C. M. Hubregtse (1980), "Experience with Anode Plants", *internal report for Aluminium & Chemie Rotterdam B. V.*.

[44] S. Hume (1993), Influence of Raw Material Properties on the Reactivity of Carbon Anodes, Aluminium Verlag Düsseldorf.

[45] S. M. Hume, W. K. Fischer, R. C. Perruchoud and B. J. Welch (1993), "A Model for Petroleum Coke Reactivity", *Light Metals*, AIME, Denver, 525 ~ 531.

[46] S. M. Hume, W. K. Fischer, R. C. Perruchoud, J. B. Metson and R. T. K. Baker (1993), "Influence of Petroleum Coke Sulphur Content on the Sodium Sensitivity of Carbon Anodes", *Light Metals*, AIME, Denver, 535 ~ 541.

[47] J. Hurlen, T. Naterstad (1991), "Recent Developments in Carbon Baking Technology", *Journal of Metals*, Volume 43, No. 11, 20 ~ 25.

[48] C. E. Inglis (1913), "Stresses in a Plate Due to the Presence of Cracks and Sharp Corners", *Transactions of the Institute of Naval Architects*, Vol. 55, 219 ~ 241.

[49] G. R. Irwin (1948), "Fracture Dynamics, Fracturing of Metals", *American Society for Metals*, Cleveland, 147 ~ 166.

[50] G. R. Irwin (1957), "Analysis of Stresses and Strain near the End of a Crack Traversing a Plate", *Journal of Applied Mechanics*, Vol. 24, 361 ~ 364.

[51] G. R. Irwin (1961), "Plastic Zone Near a Crack and Fracture Toughness", *Sagamore Research Conference Proceedings*, Vol. 4.

[52] M. Jarry (1977), "Elaboration des Anodes Précuites en Carbone Aggloméré pour l'Industrie de l'Aluminium", Ph. D. thesis, l'université scientifique et médicale de Grenoble, France.

[53] S. S. Jones (1986), "Anode Carbon Usage in the Aluminium Industry", *Am. Chem. Soc.* 303, 234 ~ 250.

[54] F. Keller, W. K. Fischer (1992), "Anode Manufacturing in a Changing Environment: an Overview", *Light Metals*, AIME, San Diego, 673 ~ 686.

[55] F. Keller, U. Mannweiler, E. Knall (1993), "Constructing and Operating Anode Plants: What the Top Management Needs to Know", *ARABAL 93*, 6th Arab International Aluminium Conference, Cairo, Ⅲ-1, 1 ~ 9.

[56] F. Keller, U. Mannweiler, R. Perruchoud (1995), "Anode Performance: The Link Between Coke Properties and Aluminium Production Cost", *ABAL 1995*, Conference paper.

[57] L. F. King (1978), Analysis of Coal Tar Binders for Electrodes, *Analytical Methods for Coal and Coal Products*, Vol. 2, ed. C. Karr, Academic Press New York, 535 ~ 559.

[58] W. D. Kingery (1955), "Factors Affecting Thermal Stress Resistance of Ceramic Materials", *J. Amer. Ceram. Soc.*, Volume 55, No. 1, 3 ~ 15.

[59] W. D. Kingery, H. K. Bowen, D. R. Uhlmann (1990), "Introduction to Ceramics", 2nd edition Wiley Interscience, 336 ~ 352.

[60] P. Kleinschmitt et al. (1983), Kohlenstoffprodukte, *Chemische Technologie*, Band 3 Anorganische Technologie Ⅱ, ed. Winnacker-Küchler, Carl Hanser Verlag München Wien, 278 ~ 347.

[61] E. Kummer, W. Schmidt-Hatting (1990), "Thermal Shock in Anodes for the Electrolytic Production of Alu-

minium"*Light Metals*, AIME, 485 ~ 491.

[62] J. W. Lemmens (1990), "Impulse Excitation: A Technique for Dynamic Modulus Measurement", Dynamic Elastic Modulus Measurements in Materials, ASTM STP 1045, ed. A. Wolfenden, 90 ~ 99.

[63] T. Liu, L. Edwards, C. P. Hughes, B. Mason, R. McMellon (1995a), "Extrinsic and Intrinsic Aspects of Anode Cracking", *Light Metals*, AIME, Las Vegas, 725 ~ 731.

[64] T. Liu, P. Cook, C. P. Hughes, B. J. Mason (1995b), "Thermal Shock Crack Initiation and Propagation Behaviour of Carbon Anodes", *Light Metals*, AIME, Las Vegas, 733 ~ 740.

[65] T. Log, J. Melas, B. Larsen (1992), "Improved Technique for Determinating Thermal Shock Resistance of Industrial Carbon Materials", *Light Metals*, AIME, San Diego, 717 ~ 723.

[66] U. Mannweiler, W. Schmidt-Hatting, A Kooijman, A. Maitland, D. Rodriguez (1989), "High Vanadium Venezuelan Petroleum Coke, a raw material for the Aluminium Industry?", *Light Metals*, AIME, Las Vegas, 449 ~ 454.

[67] U. Mannweiler (1991), "Influence of Raw Materials on the Properties of Prebaked Anodes and their Behaviour in Hall-Héroult Cells", *Int. Conf. "Scientific and Technological Progress in Metallurgy of Light Metals"*, St. Petersburg.

[68] U. Mannweiler (1992), "Novel Approach in Anode Technology", Int. Conf. "Aluminium Industry of Russia, Strategy of Development and New Investment Projects", St. Petersburg.

[69] U. Mannweiler, F. Keller (1994), "The Design of a New Anode Technology for the Aluminium Industry", *JOM*, Volume 2, 15 ~ 21.

[70] H. Marsh, J. Griffiths (1982), "A high resolution electron microscopy study of graphitization of graphitizable carbons", *Int. Symp. on Carbon*, Toyohashi, Japan, 113.

[71] T. J. Mays, B. McEnaney (1992), "A Review of Methods of Quantitative Optical Microscopy for Characterizing Macropores in Carbon Materials", *Proceedings of the 5 th International Carbon Conference*, Arbeitskreis Kohlenstoff der Deutschen keramischen Gesellschaft (AKK, DKG), Essen, Germany.

[72] M. W. Meier (1992), "Anode Thermal Shock Behaviour-Corporate Study", RDC report RDC-7274, (unpublished results of a private study carried out for an RDC customer).

[73] M. W. Meier (1992), "Optimization of Anode Stub Hole Design and Rodding Operation", RDC report RDC-7283, (unpublished results of a private study carried out for an RDC customer).

[74] M. W. Meier, W. K. Fischer, R. C. Perruchoud, L. J. Gauckler (1994a), "Thermal Shock of Anodes-a Solved Problem?", *Light Metals*, AIME, San Francisco, 685 ~ 694.

[75] M. W. Meier (1994b), RDC report RDC-7433, (unpublished results of a private study carried out for an RDC customer).

[76] M. W. Meier, R. C. Perruchoud (1995), "Production of Thermal Shock Resistant Pilot Anodes with Pitch Coke, Pilot Plant Recipe Optimization", RDC report RDC-7498, (unpublished results of a private study carried out for and RDC customer).

[77] R. A. Meyer, J. D. Buch (1973), "Micromechanics of Fracture in Graphite Using the Scanning Electron Microscope", *Proceedings of the 11th International Conference on Carbon*, American Carbon Committee, Gatlinburg Tennessee, 229 ~ 230.

[78] D. Munz, T. Fett (1989), Mechanisches Verhalten keramischer Werkstoffe, Werkstoff-Forschung und-Technik Band 8, Springer Verlag C. S. B. Nair (1978), Analysis of Coal Tar Pitches, Analytical Methods for Coal and Coal Products, Vol. 2, ed. C. Karr, Academic Press New York, 495 ~ 533.

[79] J. Nakayama (1965), "Direct Measurement of the Fracture Energies of Brittle Heterogeneous Materials", *J.*

Am. Ceram. Soc., Volume 48, No. 11, 583 ~ 587.

[80] J. Nakayama, M. Ishizuka (1966), "Experimental Evidence for Thermal Shock Damage Resistance", *Am. Ceram. Soc. Bull.*, Volume 45, No. 7, 666 ~ 669.

[81] R. Odegard, A. Solheim, K. Thovsen (1992), "Current Pickup and Temperature Distribution in Newly Set Prebaked Hall-Héroult Anodes", *Light Metals*, AIME, San Diego, 457 ~ 463.

[82] M. D. Ohlswager, G. E. Goeres, R. W. Peterson (1990), "Anode Cast Iron Thickness Optimization", *Light Metals*, AIME, 499 ~ 503.

[83] H. Onder, E. A. Bagdoyan (1993), "Everything You Always Wanted to Know About Petroleum Coke", Allis Mineral Systems, Kennedy van Saun (KVS), Danville, PA 17821, USA.

[84] R. C. Perruchoud (1992a), "Influence of the Recipe Parameters on the Anode Resistance to Cracking During Baking", RDC report A-1276, (unpublished results of a private study carried out for an RDC customer).

[85] R. C. Perruchoud (1992b), "Impact of the Forming and Baking Conditions on the Anode Cracking During the Baking", RDC report A-1277, (unpublished results of a private study carried out for an RDC customer).

[86] W. Pompe, H.-A. Bahr, G. Schneider, H.-J. Weiss (1993), "Modelling and Measuring of the Thermal Shock Behaviour of Ceramics", *ceramic forum international cfi* (*Berichte der Deutschen Keramischen Gesellschaft DKG*), Volume 70, No. 3, 79 ~ 84.

[87] S. Ragan, H. Marsh (1983), "Review Science and Technology of Graphite Manufacture", *J. Mat. Science* 18, 3161 ~ 3176.

[88] B. Rand, A. J. Hosty, S. West (1989), "Physical Properties of Pitch Relevant to the Fabrication of Carbon Materials", *Introduction to Carbon Science*, ed. H. Marsh, Butterworths, 75 ~ 151.

[89] A. Reichl, R. W. Steinbrech (1988), "Determination of Crack Bridging Forces in Alumina", *J. Am. Ceram. Soc.*, Volume 71, No. 6. C299 ~ C301.

[90] R. Rezakhanlou (1993), "Le choc et la fatigue thermiques des materiaux ceramiques", *EDF Electricité de France*, Collection de notes internes de la Direction des Etudes et Recherches, 1 ~ 29.

[91] J. R. Rice (1968), "A Path Independent Integral and the Approximate Analysis of Strain Concentration by Notches and Cracks", *Journal of Applied Mechanics*, Volume 35, 379 ~ 386.

[92] B. A. Sadler (1989), "An Investigation into Reducing the Consumption of Carbonaceous Anodes during Aluminium Electrolysis", Ph. D. thesis, University of Auckland, Australia.

[93] B. A. Sadler and B. J. Welch (1992), "How an Anode is Consumed", *Third Australasian Aluminium Smelter Technology Course*, Sidney Australia, 19-24 November, 140.

[94] M. Sakai et al. (1988), "R-Curve Behaviour of a Polycrystalline Graphite: Microcracking and Grain Bridging in the Wake Region", *J. Am. Ceram. Soc.*, Volume 71, No. 8, 609 ~ 616.

[95] S. Sato, K. Sato, Y. Imamura, J. Kon (1975), "Determination of the Thermal Shock Resistance of Graphite by Arc Discharge Heating", *Carbon*, Volume 13, 309 ~ 316.

[96] S. Sato, H. Awaji, H. Akuzawa (1978), "Evaluation of the Thermal Shock Fracture Toughness of Reactor Graphites by Arc Discharge Heating", *Carbon*, Volume 16, 103 ~ 109.

[97] S. Sato, M. Ishihara, K. Hirakawa, M. Kiyono, Y. Inoue (1988), "Optimum Arrangement of Coke Grain Size for Electrode Graphite as Determined by Thermal Shock Tests", *Carbon*, Volume 26, No. 6, 853 ~ 866.

[98] W. Schmidt-Hatting, R. Perruchoud and J. E. Durgnat (1986), "Influence of Vanadium on Anode Quality and Pot Performance", *Light Metals*, AIME, New Orleans, 623 ~ 627.

[99] W. Schmidt-Hatting, A. A. Kooijman, P. van den Bogerd (1988), "Sensitivity of Anodes for Electrolytic

Aluminium Production to Thermal Shocks", *Light Metals*, AIME, 253 ~ 257.

[100] J. P. Schneider, B. Coste (1993a), "Thermal Shock of Anodes: Influence of Raw Materials and Manufacturing Parameters", *Light Metals*, AIME, Denver, 611 ~ 619.

[101] J. P. Schneider, B. Coste (1993b), "Thermomechanical Modelling of Thermal Shock in Anodes", *Light Metals*, AIME, Denver, 621 ~ 628.

[102] C. Schubert, H. -A. Bahr, S. Kleber (1980), "Die experimentelle Bewertung des Thermoschockverhaltens von Graphitwerkstoffen", *Freiberger Forschungsheft*, VEB Deutscher Verlag für Grundstoffindustrie, A618, 241 ~ 250.

[103] C. Schubert, H. -A. Bahr, H. -J. Weiss (1986), "Crack Propagation and Thermal Shock Damage in Graphite Disks Heated by Moving Electron Beam", *Carbon*, Volume 24, No. 1, 21 ~ 28.

[104] E. J. Seldin (1966), "Stress-Strain Properties of Polycrystalline Graphites in Tension and Compression at Room Temperature", *Carbon*, Volume 4, No. 2, 177 ~ 191.

[105] O. D. Slagle (1967), "Deformation Mechanisms in Polycrystalline Graphite", *J. Am. Ceram. Soc.*, Vol. 50, No. 10, 495 ~ 500.

[106] M. Smith (1991), "An Evaluation of the Binder Matrix in Prebaked Carbon Anodes used for Aluminium Production", Ph. D. thesis, University of Auckland, New Zealand.

[107] M. Sorlie, H. A. Oye (1994), Cathodes in Aluminium Electrolysis, 2nd edition, Aluminium Verlag Düsseldorf.

[108] S. Spinner, W. E. Tefft (1961), "A Method for Determining Mechanical Resonance Frequencies and for Calculating Elastic Moduli from these Frequencies", *Proc. ASTM*, Volume 61.

[109] H. G. Tattersall, G. Tappin (1966), "The Work of Fracture and its Measurement in Metals, Ceramics and other Materials", *J. Mat. Science*, Volume 1, 296 ~ 301.

[110] R. T. Tonti, R. D. Zabreznik and K. Ries (1992), "Anode Performance Improvement with Low Reactivity Coke Additives to the Binder Matrix", *Light Metals*, AIME, San Diego, 635 ~ 639.

[111] M. R. Utley, S. M. Hume, B. J. Welch and R. C. Perruchoud (1992), "The Influence of Low Current Densities on Anode Performance", *Light Metals*, AIME, San Diego, 687 ~ 692.

[112] J. B. Walsh (1965), "Effect of Cracks on the Compressibility of Rock", *J. Geophys. Res.*, Volume 70, No. 2, 381 ~ 389.

[113] H. Wang, R. N. Singh (1994), "Thermal Shock Behaviour of Ceramics and Ceramic Composites", *Inter. Mat. Rev.*, Volume 39, No. 6, 228 ~ 244.

[114] E. W. Washburn (1921), *Proc. Nat. Acad. Sci. U. S.*, Volume 7, 115 ~ 116.

[115] R. Weber (1990), Aluminium Lexikon: Herstellung, Anwendungen und Umweltschutz, INFALUM, Zürich.

[116] E. Wege (1968), "Rissbildung und Rissfortpflanzung in Grafitwerkstoffen", *Proceedings of the International Carbon Conference on March 26 1968*, Arbeitskreis Kohlenstoff der Deutschen keramischen Gesellschaft (AKK, DKG), Heidelberg, Germany.

[117] W. Weibull (1951), "A Statistical Distribution Function of Wide Applicability", *J. Appl. Mech.*, Volume 18, 293 ~ 297.

[118] A. A. Wells (1961), "Unstable Crack Propagation in Metals: Cleavage and Fast Fracture", *Proceedings of the Crack Propagation Symposium*, Volume 1, Paper 84, Cranfield, UK.